水利工程施工与管理以及金属结构全过程技术

陈雪艳　著

中国大地出版社
·北　京·

图书在版编目（CIP）数据

水利工程施工与管理以及金属结构全过程技术/陈雪艳著. --北京：中国大地出版社，2019.8

ISBN 978-7-5200-0436-7

Ⅰ.①水… Ⅱ.①陈… Ⅲ.①水利工程—施工管理②水利工程—金属结构 Ⅳ.①TV5

中国版本图书馆 CIP 数据核字（2019）第 175231 号

责任编辑： 刘 迪
责任校对： 田建茹
出版发行： 中国大地出版社
社址邮编： 北京市海淀区学院路 31 号，100083
电　　话： 010—66554649（邮购部）；010—66554609（编辑部）
网　　址： www.chinalandpress.com
印　　刷： 北京亚吉飞数码科技有限公司
开　　本： 787mm×960mm 1/16
印　　张： 13
字　　数： 233 千字
版　　次： 2019 年 9 月北京第 1 版
印　　次： 2024 年 9 月北京第 2 次印刷
书　　号： ISBN 978-7-5200-0436-7
定　　价： 65.00 元

前　言

人类的发展离不开水，但是水灾的频发严重地影响了人类的生存。我国最早的记录"大禹治水"就是有关水利工程的开端。现代社会，科技高度发达，水利工程的规模远远超过历史上任何时候。

水利工程施工是研究水利工程建设的施工技术、施工组织与施工管理的学科。水是人类及万物赖以生存的最基本的条件之一，同时也是洁净的、可再生的能源。为此，全世界各国都在争相开发、利用和保护自己的水资源，一些发达的国家和地区对自己水能资源的开发和利用程度甚至已达到85%以上。我国河流众多，可开发容量约5.41×10^{8}kW，居世界第一。

要实现水利工程的技术创新，还需要投入大量的研发经费，培养相关的专业人才；作为水利工程人员也更应该刻苦学习，努力实践。为了便于探讨和学习，现将有关水利工程施工与工程管理的内容进行整理，去掉一些过于陈旧的内容，加入一些新的工程案例，实现了内容上的创新。

全书共分为十章，第一章为导截流工程施工技术，这是水利施工中最基本的问题，也是保证工程质量的基础；第二章为基础工程施工技术，内容主要包括地基开挖、爆破施工、岩基处理等，它们保障了水利工程的顺利进展；第三章为土石坝工程施工技术，土石坝施工是最简单的水利工程施工；第四章为混凝土工程坝施工技术，混凝土是最重要的建筑材料，在水利工程中应用非常广泛；第五章为地下建筑工程施工技术，地下建筑比地面建筑困难，因此它可以用来衡量水利工程建设的施工技术水平；第六章为闸门及启闭设备施工技术；第七章为金属结构防腐施工技术；第八章为金属结构安装；第九章为施工管理；第十章为大坝金属结构安全评价。

本书具有以下几方面的优点：

第一，保留重点内容。本书基本保留了水利工程施工的重点内容，并删减了一些过于烦琐的计算，因此在保证了完整性的基础上非常有助于读者的阅读。

第二，紧密联系实际。水利工程施工要解决实际问题，因此在撰写过程中引入了相关的实践应用，这是理论联系实际的最大亮点。

第三，结构完整。本书力求条理清楚、论证严谨，具有科学性、系统性和实用性，通过学习可以拓宽读者的知识面，拓展读者的思维空间，对了解和掌握水利工程施工有很大的帮助。

本书在写作的过程中参考了大量的资料，同时也得到了各位同行的鼎力相助，在此表示诚挚的谢意。虽然本书经过多次的检查与修改，但难免存在一些问题，给读者带来不好的阅读体验我深感愧疚，还希望广大的学者积极地提出有关的问题，通过后期的修正使本书得到完善。

由于作者水平有限，写作过程中难免有疏漏和不足之处，望广大读者见谅，还希望你们能够提出宝贵的意见，谢谢你们！

作　者

2019 年 4 月

目　录

第一章 导截流工程施工技术

水利水电枢纽工程的主体建筑物，如大坝、电站和水闸等，一般都在河流中修建。因此，在这些建筑物的施工过程中，必须为原来河道的水流安排好出路，以保证工程在干地上进行。在施工导流中，只有截断原河床水流，把河水引向导流泄水建筑物下泄，才能在河床中伞面开展主体建筑物的施工。因此导截流技术是水利工程的基本问题。

第一节 施工导流方式与泄水建筑物

一、施工导流方式

施工导流贯穿于工程施工的全过程，导流设计要妥善解决从初期导流到后期导流（包括围堰挡水、坝体临时挡水、封堵导流泄水建筑物和水库蓄水）施工全过程中的挡、泄水问题，以保证在干地施工和施工期不影响或尽可能少影响水资源的合理利用。

施工导流的方法大体上分为两类：一类是全段围堰法，适用于河床狭窄、基坑工作量不大、水深、流急难于实现分期导流的地方；另一类是分段围堰法导流，适用于河床宽阔、流量大、施工期较长的工程，尤其在通航河流和冰凌严重的河流上。

二、导流泄水建筑物

1. 导流明渠

(1)布置原则。弯道少，避开滑坡、崩塌体及高边坡开挖区；便于布置进入基坑的交通道路；进、出口与围堰接头满足堰基防冲要求；避免泄洪时对下游沿岸及施工设施冲刷，必要时进行导流水工模型验证。

(2)明渠断面设计。明渠底宽，底坡和进、出口高程应使上、下游水流衔接条件良好，满足导、截流和施工期通航、过木、排冰要求。设在软基上的明渠，宜通过动床水工模型试验，改善水流衔接和出口水流条件，确定冲坑形态和深度，并采取有效消能抗冲设施。

导流明渠结构型式应方便后期封堵。应在分析地质条件、水力学条件并进行技术经济比较后确定衬砌方式。

2. 导流隧洞

导流隧洞应根据地形、地质条件合理选择洞线，保证隧洞施工和运行安全。相邻隧洞间净距、隧洞与永久建筑物之间间距、洞脸和洞顶岩层厚度均应满足围岩应力和变形要求。尽可能利用永久隧洞，其结合部分的洞轴线、断面型式与衬砌结构等均应满足永久运行与施工导流要求。

隧洞型式，进、出口高程尽可能兼顾导流、截流、通航、放木、排冰要求，保证进口水流顺畅，水面衔接良好，不产生气蚀破坏，洞身断面方便施工。洞底纵坡根据施工条件及泄流水力条件等选择。

导流隧洞在运用过程中，常遇明、满流交替流态，当有压流为高速水流时，应注意水流掺气，防止因此产生空蚀、冲击波，导致洞身破坏。

隧洞衬砌范围及型式通过技术经济比较后确定，应研究解决封堵措施及结构型式的选择。

3. 导流底孔

导流底孔设置数量、高程及其尺寸宜兼顾导流、截流、过木、排冰要求。进口型式选择适当的椭圆曲线，通过水工模型试验确定。进口闸门槽宜设在坝外，并能防止槽顶部进水，以免气蚀破坏或孔内流态不稳定影响流量。

利用永久泄洪、排沙和水库放空底孔兼做导流底孔时，应同时满足永久和临时运用要求。坝内临时底孔使用后，需用与坝体混凝土相同的混凝土材料回填封堵，并采取措施保证新老混凝土结合良好。

第二节　围堰施工

一、围堰的类型

围堰是导流工程中的临时性挡水建筑物，用来围护施工基坑，保证水工建筑物能在干地施工。按照围堰按使用材料，可分为土石围堰、混凝土围堰、草土围堰、木笼围堰、竹笼围堰、钢板桩格形围堰等。下面只介绍前三种，关于其他类型的围堰方式，读者可自行查阅。

1. 土石围堰

土石围堰能充分利用当地材料，对地基适应性强，施工工艺简单，应优先选用。土石围堰还可与截流戗堤结合，可利用开挖弃渣，并可直接利用主体工程开挖装运设备进行机械化快速施工，是我国应用最广泛的围堰形式。土石围堰的防渗结构有四种，如图 1-1 所示。

图 1-1 中(a)、(b)是以渗透系数小于等于 10^{-4}cm/s 的土料作为防渗体的土石围堰，与一般的土石坝结构相似，它们由堆石体、反滤层、防渗体及护面构成。当然，在缺少防渗土料的地区，也可把防渗体换成土工膜、混凝土板或沥青混凝土斜墙等。图 1-1(b)中土料水平铺盖防渗体长度宜取大于等于 5 倍的堰前水深，其渗透系数宜小于堰基覆盖层渗透系数的 50 倍，厚度不宜小于 2m。图 1-1(c)、(d)中的垂直防渗墙可是钢板桩也可是槽孔混凝土、灌浆帷幕或高压喷射水泥黏土浆墙，如果是在干地施工，垂直防渗墙也可换成防渗土料、土工膜、现浇混凝土或沥青混凝土心墙。

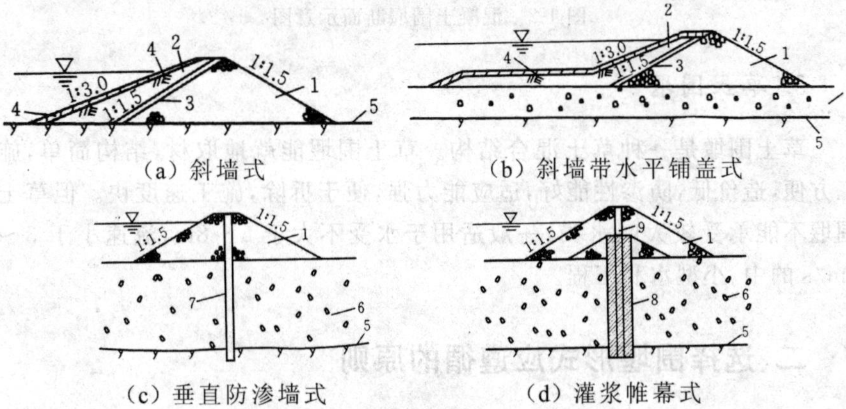

图 1-1　土石围堰

1—堆石体；2—黏土斜墙、铺盖；3—反滤层；4—护面；5—隔水层；
6—覆盖层；7—垂直防渗墙；8—灌浆帷幕；9—黏土心墙

需要指出的是，许多土石围堰或堰体的一部分都是在水下施工完成的。在水下抛填防渗土料斜墙，其稳定边坡通常都大于 1∶3，尤其是在水面 3m 以下抛填时更难控制坡度。加之围堰施工工期往往都很紧迫，并要求降低工程造价，所以实际运用中所采用的围堰断面型式远比土石坝复杂，也即不可能单一或标准化。

为了满足施工需要和防汛抢险要求，土石围堰堰顶宽度宜选 7～10m。

土石围堰的边坡稳定安全系数 k 应满足下列要求：3 级，k 不小于 1.20；4～5 级 k 不小于 1.05。

2. 混凝土围堰

混凝土围堰是用常态混凝土或碾压混凝土建筑而成。混凝土围堰宜建在岩石地基上。混凝土围堰的特点是挡水水头高，底宽小，抗冲能力大，堰顶可溢流。尤其是在分段围堰法导流施工中，用混凝土浇筑的纵向围堰可以两面挡水，而且可与永久性建筑物相结合作为坝体或闸室体的一部分。混凝土围堰结构形式有重力式（优先选用）、拱形（河谷狭窄且地质良好选用）等形式，如图 1-2 所示。

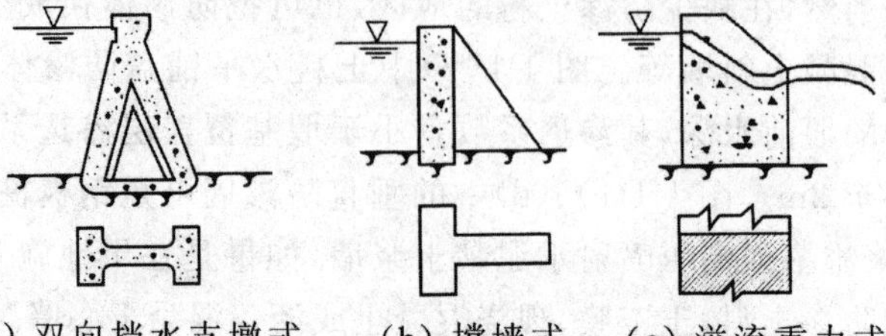

（a）双向挡水支墩式　（b）撑墙式　（c）溢流重力式

图 1-2　混凝土围堰断面示意图

3. 草土围堰

草土围堰是一种草土混合结构。草土围堰能就地取材，结构简单，施工方便，造价低，防渗性能好，适应能力强，便于拆除，施工速度快。但草土围堰不能承受较大叫水头，一般适用于水受不大于 6～8m，流速小于 3～5m/s 的中、小型水利工程。

二、选择围堰形式应遵循的原则

围堰形式选择时应遵循的原则如下：

(1)安全可靠，能满足稳定、防渗、防冲的要求；

(2)优先利用当地材料及开挖渣料；

(3)围堰防渗体便于与基础、岸坡或已有建筑物连接；

(4)在预定施工期内修筑到需要的断面及高程，能满足施工进度要求；

(5)应与围堰地形、地质条件相适应；

(6)具有良好的技术经济指标。

三、围堰的防冲及接头处理

围堰的防冲、防渗及接头处理是保证围堰正常工作的关键，有些围堰因为防冲和集中渗漏问题没有解决好最终导致失事。

(一)围堰的防冲

1. 围堰受冲刷的原因

(1)当围堰承受较大的流速，尤其是土石围堰，若流速超过 5.0m/s，堰体及堰脚附近的地基就会受到不同程度的冲刷。

(2)采用分段围堰法导流时，如果围堰的平面布置不顺畅，水流进入围堰区受到突然束窄，流出围堰区又突然扩大，不可避免地在河底引起动水压力的重新分布，流态发生急剧改变。此时在围堰的上下游处产生很大的局部压力差，局部流速显著增高，形成螺旋状的低层涡流，流速方向自下而上，从而淘刷堰脚和基础(图 1-3)。

(3)当堰前形成较大的库容后，大风引起的波浪会淘刷土石围堰的迎水面。

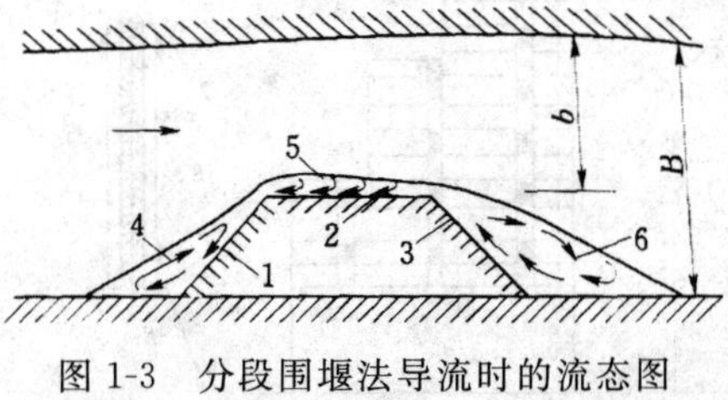

图 1-3　分段围堰法导流时的流态图

1—上游围堰；2—纵向围堰；3—下游围堰；

4—上游涡流区；5—纵向涡流区；6—下游涡流区

2. 防冲措施

(1)在围堰的平面布置上力求使水流平顺地进出束窄河段，如加大纵向围堰与横向围堰的夹角，使其控制在 90°～120°之间形成梯形，并在纵横向围堰相交处设置导水墙(图 1-4)。

(2)采用抛大石或其他措施(如铅丝石笼和柴排等)保护束窄段的堰脚和河床。

(3)在有波浪淘刷的水位变动区对土石围堰可作防浪护坡。

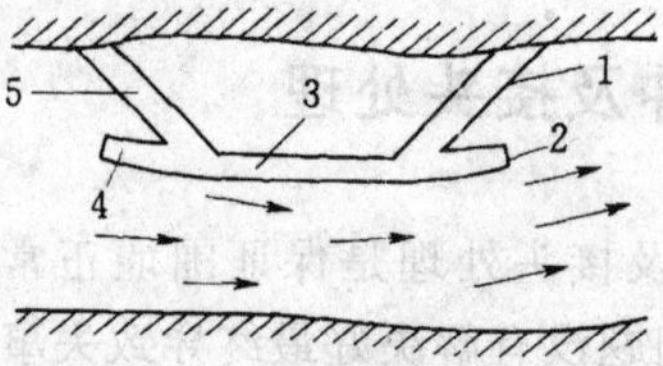

图 1-4　导水墙和围堰布置图

1—下游横向围堰；2—下游导水墙；3—纵向围堰；

4—上游导水墙；5—上游横向围堰

（二）围堰的接头处理

围堰的接头是指围堰与其他建筑物及围堰与岸坡等的连接。围堰与围堰接头时要特别注意把两者的防渗体连在一起。围堰与其他建筑物相接时，例如横向黏土心（斜）墙土石围堰与混凝土导水墙（纵向围堰）相接，多采用刺墙型式（图 1-5），当然，如果土石围堰的防渗体为土工膜或混凝土板斜墙，也可采用锚接或止水相接。围堰与岸坡连接时，如果围堰是黏土心（斜）墙土石围堰，则多用截水槽的型式连接，如果围堰的防渗体为土工膜或混凝土板斜墙，同样可采用锚接或止水相接。

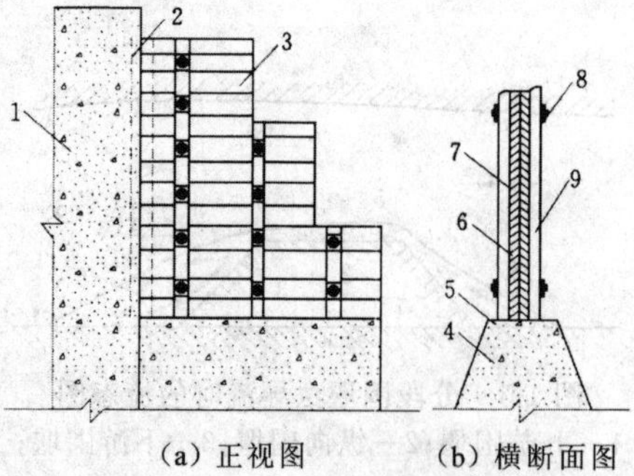

图 1-5　刺墙构造示意图

1—混凝土纵向围堰；2—白铁皮止水；3—木板刺墙；4—混凝土刺墙；

5—一层油毛毡和两层沥青麻布；6—两层沥青油膏及一层油毛毡；

7—木板；8—螺栓；9—木围令

四、围堰的拆除

围堰承担围护基坑的任务完成以后，对影响导流、泄水和永久水工建筑物运行的部分需要拆除。例如，在采用分段围堰法导流时，一期横向围堰如果不拆除或拆除不彻底，就会影响二期横向围堰截流或增加截流落差，从而增加截流工作难度；一期纵向围堰部分不拆除，就会影响二期围堰的布置与施工；对部分下游围堰，如果不拆除，就会抬高下游水位，影响水轮机的利用水头，降低水轮机的出力。

围堰的拆除一般用挖掘机和爆破法。土石围堰体积较大，多用挖掘机拆除，施工时可在汛期过后随着水位的下降先拆除水上和背水坡部分，待已不需要围堰挡水时，再拆除最后挡水部分，葛洲坝一期土石围堰的拆除如图 1-6 所示。

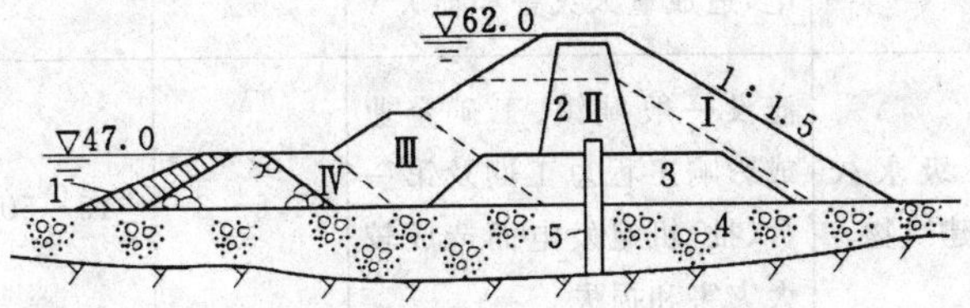

图 1-6 葛洲坝一期土石围堰的拆除(高程:m)

1—黏土斜墙；2—心墙；3—堆渣；4—覆盖层；5—防渗墙；Ⅰ～Ⅳ—拆除顺序

第三节 导流设计流量的确定

一、导流标准

导流设计流量的大小，决定着前述各项工作的难易，但取决于导流设计的洪水频率标准，通常简称为导流标准。

施工期可能遭遇的洪水是一个随机事件。如果导流设计标准太低，不能保证工程的施工安全；反之，则会使导流工程设计规模过大，不仅导流费用增加，而且可能因其规模太大而无法按期完工，造成工程施工的被动局面。因此，导流设计标准的确定，实际是要在经济性与风险性之间加以抉择。

根据现行规范《水利水电工程施工组织设计规范》(SL 303—2004)，在确定导流设计标准时，首先根据导流建筑物(指枢纽工程施工期所使用的临时性挡水和泄水建筑物)的保护对象、失事后果、使用年限和工程规模等因素，将导流建筑物确定为 3～5 级，见表 1-1。然后再根据导流建筑物级别及导流建筑物类型确定导流建筑物洪水标准，见表 1-2。

表 1-1　导流建筑物级别划分

级别	保护对象	失事后果	使用年限（年）	导流建筑物规模	
				围堰高度/m	库容/$\times 10^8 m^3$
3	有特殊要求的1级永久性水工建筑物	淹没重要城镇、工矿企业、交通干线或推迟工程总工期及第一台（批）机组发电，造成重大灾害和损失	＞3	＞50	＞1.0
4	1级、2级永久性水工建筑物	淹没一般城镇、工矿企业或影响工程总工期及第一台（批）机组发电而造成较大灾害和损失	1.5～3	15～50	0.1～1.0
5	3级、4级永久性水工建筑物	淹没基坑，但对总工期及第一台（批）机组发电影响不大，经济损失较小	＜1.5	＜15	＜0.1

注：①导流建筑物包括挡水和泄水建筑物，两者级别相同。

②表中所列四项指标均按导流分期划分，保护对象一栏中所列永久性水工建筑物级别系按《水利水电工程等级划分及洪水标准》（SL　252－2000）划分。

③有、无特殊要求的永久性水工建筑物均系针对施工期而言，有特殊要求的1级永久性水工建筑物系指施工期不应过水的土石坝及其他有特殊要求的永久性水工建筑物。

④使用年限系指导流建筑物每一导流分期的工作年限，两个或两个以上导流分期共用的导流建筑物，如分期导流一期、二期共用的纵向围堰，其使用年限不能叠加计算。

⑤导流建筑物规模一栏中，围堰高度指挡水围堰最大高度，库容指堰前设计水位所拦蓄的水量，两者必须同时满足。

表 1-2　导流建筑物洪水标准划分

导流建筑物类型	导流建筑物级别		
	3	4	5
	洪水重现期/年		
土石结构	50～20	20～10	10～5
混凝土、浆砌石结构	20～10	10～5	5～3

二、导流时段划分

导流时段就是按照导流程序划分的各施工阶段的延续时间。我国一般河流全年的流量变化过程，按其水文特征可分为枯水期、中水期、洪水期。在不影响主体工程施工的条件下，若导流建筑物只担负非洪水期的挡水、泄水任务，显然可以大大减少导流建筑物的工程量，改善导流建筑物的工作条件，具有明显的技术经济效益。因此，合理划分导流时段、明确不同导流时段建筑物的工作条件，是既安全又经济地完成导流任务的基本要求。

导流时段的划分与河流的水文特征、水工建筑物的形式、导流方案、施工进度有关。在划分导流时段时，要确保枯水期，争取枯水期，还要尽力在汛期中争工期。既要安全可靠，又要争夺工期。

第四节 导流方案的选择

一项水利水电枢纽工程的施工，从开工到完建往往不是采用单一的导流方法，而是几种导流方法组合起来配合运用，以取得最佳的技术经济效果，不同导流时段有不同导流方法的组合，通常称为导流方案。选定合理可靠的导流方案是水利水电枢纽工程施工事关全局的首要问题，只有全面分析了影响导流方案的因素，结合不同工程的实际情况权衡其优劣，分清各种影响因素的主次，才能正确选定合理可靠的导流方案。

一、影响导流方案选择的主要因素

(一)水文因素

天然径流的大小，洪枯流量及水位变幅，洪水的峰量及出现的规律、冬季流冰及冰冻情况等直接影响导流方案的选择。对于流量大、稳定的河道，宜采用分期导流；对于洪水期短，或洪水峰高量大的山区性河流，宜采用过水围堰淹没基坑的方案；对于枯水期短，洪枯水位变幅不大的工程，宜采用不过水围堰全年挡水的方案；对于枯水期较长的工程，宜采用在枯水期用低水围堰挡水，汛期由坝体拦洪挡水的方案；对于结冰河道，流冰的宣泄是影响导流方案选择的重要因素，导流泄水建筑物的布置和尺寸确定应尽量避免溜冰壅塞，影响泄流，造成导流建筑物失事。

（二）地形因素

坝址处河谷的地形条件往往是影响导流方案选择的主要因素。对地形陡峻、河谷狭窄的工程多用全段围堰法隧洞导流的方案；对于一岸较陡，而另一岸较缓，且有台地、垭口、老河道等可供利用，或两岸平缓的平原河流，宜采用全段围堰法明渠导流的方案；若河道较宽，尤其有河心洲、岛和礁等可供作纵向围堰的基础，应考虑采用分段围堰法导流；若河道开阔，或尽管为峡谷河道，但基本满足或创造条件拓宽河槽工程量仍不太大时，采用分段围堰法导流是有利的；对于河床宽阔，但河心无洲、岛、礁等可供作纵向围堰的基础，或覆盖层太深，或覆盖层不深，但主体工程量大，且结构不允许分段者，仍采用全段围堰法导流为宜。

（三）地质与水文地质因素

地质和水文地质因素也直接影响导流方案的选择。河谷形状往往与地质成因密切相关，陡峻的河谷，常常是河流切割坚硬岩石的结果，对于一岸或两岸岩石坚硬、风化层薄的地质条件，选择隧洞导流方案较为有利；若河谷岸边岩石风化严重，岸坡平缓，或有较厚的沉积地，则适于开挖明渠导流；在选用分段围堰法导流时应特别重视纵向围堰基础的地质情况，力求将纵向围堰布置在稳固的岩基上；若覆盖层太深，围堰必须布置在覆盖层上时，必须对覆盖层的结构组成特性有充分的了解，并选定恰当的防冲与防渗结构。

（四）水工枢纽建筑物的结构特点与布置

在进行水工枢纽建筑物的结构选型与布置时，应主动考虑施工导流方案的合理性与可靠性，而在拟定施工导流方案时，则应充分利用永久建筑物的结构型式与布置方面的特点，两者相互影响，相辅相成。如果枢纽组成中有隧洞、渠道、涵管、泄水孔等永久性泄水建筑物，在选择导流方案时应尽可能加以利用。在设计永久建筑物的断面尺寸并拟定其布置方案时，应充分考虑施工导流的要求，如设计临时拦洪度汛断面，把围堰作为永久建筑物的一部分等方法。如果枢纽建筑物的型式是土石坝，由于其抗冲能力小，除采用特殊措施外，一般不允许从坝身过水，故多利用坝身以外的隧洞、明渠或坝身范围内的涵管来导流；如果枢纽建筑物的型式是混凝土坝，由于其抗冲能力强，允许流速可达25m/s，所以导流方案选择的灵活性也大大增加，如可以利用底孔、坝后式厂房导流，也可以通过未完建的坝身过水，还可以利用坝后式水电站与混凝土坝之间或混凝土坝溢流段与非溢流段之间的隔墙作为纵向围堰的一部分，进行分段围堰法导流，即便是采用坝身以外的隧洞或明渠导流，也会使泄水建筑物的长度大大缩短，从而节省工程投资。

（五）施工因素

影响导流方案选择的施工因素主要是施工进度、施工方法和施工场地布置。水利水电工程的施工进度与导流方案密切相关。

（六）施工期间河流的综合利用

在选择施工导流方案时，应对河流的通航、发电、灌溉、供水和渔业等综合利用要求全面考虑。例如，对有通航要求的河道一般都采用分段围堰法导流，且将通航建筑物作为一期工程，河流的束窄程度、分段数目及围堰布置都应满足航运的各项技术要求。河床束窄后，束窄段的水深要与船的吃水深度相适应，束窄断面的最大流速一般不得超过 2.0m/s，特殊情况需与当地航运部门协商研究确定。对于上下游有已完建工程的梯级开发河流，选择导流方案时，一方面要考虑上游梯级的调蓄作用；另一方面要考虑下游梯级及其他部门的用水要求，上下游梯级的运行都直接影响导流方案及导流泄水建筑物尺寸的确定。在施工中后期，要注意下游供水、灌溉用水和水电站运行的要求，为了保证渔业的运营以及修建临时的过鱼设施，以便鱼群能正常地回游。

二、选择导流方案时应考虑的主要因素

（一）适应水利枢纽类型及布置

分期导流主要适用于混凝土坝枢纽。因土坝不宜分段修建，且坝体一般不允许过水，故土坝枢纽几乎不用分期导流，而多采用一次拦断法。高水头水利枢纽的后期导流常需多种导流方式的组合，导流程序比较复杂。例如，峡谷处的混凝土坝，前期导流可用隧洞，但后期（完建期）导流往往利用布置在坝体不同高程上的泄水孔。高水头土石坝的前后期导流，一般是在两岸不同高程上布置多层导流隧洞。如果枢纽中有永久性泄水建筑物，如隧洞、涵管、底孔、引水渠、泄水闸等，应尽量加以利用。

（二）适应河流水文特性和地形地质条件

河流的水文特性，在很大程度上影响着导流方式的选择。每种导流方

式均有适用的流量范围。除了流量大小外，流量过程线的特征、冰情和泥沙也影响着导流方式的选择。

宽阔的平原河道，宜采用分期导流或明渠导流。河谷狭窄的山区河道，常用隧洞导流。每种导流方式适用的地形地质条件，前面已经谈过，不再重复。

（三）尽可能满足施工期国民经济各部门的综合要求

分期导流和明渠导流较易满足通航、过木、排冰、过鱼、供水等要求。采用分期导流方式时，为了满足通航要求，有些河流不能只分两期束窄，而要分成三期或四期，甚至有分成八期的。我国某些峡谷地区的工程，原设计为隧洞导流，但为了满足过水要求，用明渠导流取代了隧洞导流。这样一来，不仅遇到了高边坡深挖方问题，而且导流程序复杂，工期也大大延长。由此可见，在选择导流方式时，要解决好河流综合利用要求问题，并不是一件容易的事。

（四）尽量利用永久建筑物，减少工程量和投资

导流方式的选择一直依赖于定性分析。在这种分析中，经验常起主导作用。成功的实例固然不少，但选择不当的也不在少数。1977 年，苏联的别钦系统研究了影响混凝土坝建设速度的一系列因素，其中包括导流方式。他统计了美、苏等国几十个混凝土坝的有关资料。这些工程所采用的导流方式仅包括分期导流和隧洞导流两种方式。他提出了将河谷形状系数作为地形条件的定量指标，其定义为坝体周边长度与最大坝高之比。根据分析，他提出了选择导流方式的具体建议：对于混凝土坝枢纽，当河谷形状系数小于 6.5，导流流量小于 $5000m^3/s$ 时，宜采用隧洞导流；否则，宜采用分期导流。

影响导流方式选择的因素很多，但坝型、水文及地形条件是主要因素。河谷形状系数在一定程度上综合反映了地形、地质等因素。若该系数小，表明河谷为窄深型，岸坡陡峻。一般来说，岩石是坚硬的。水文条件也在一定程度上与河谷形状系数有关。

三、施工导流方案比较与选择的步骤

（一）初拟基本可行方案

进行施工导流方案的比较与选择之前，应先拟订几种基本可行的导流

方案。拟订方案时，首先考虑可能采用的导流方式是分期导流还是一次拦断。在经过全面分析以后，排除明显不合理的方案，保留几种可行方案或可能的组合方案。当导流方式或基本方案基本确定后，还要将基本方案进一步细化。例如，某工程只可能采用一次拦断隧洞导流方式，但究竟是采用高围堰、小隧洞，还是低围堰、大隧洞，是采用一条大直径隧洞，还是采用几条较小直径的隧洞；当有两条以上隧洞时，是采用多线一岸集中布置，还是采用两岸分开布置；在高程上是采用多层布置，还是同层布置等。总之，方案可以很多，拟订方案时，思路要放开，但必须仔细分析工程的具体条件，因地制宜，不能凭空构想。只有这样，才能初步拟订出基本可行方案，以供进一步比较选择。

（二）方案技术经济指标的分析计算

在进行方案比较时，应着重从以下几个方面进行论证：导流工程费用及其经济性；施工强度的合理性；劳动力、设备、施工负荷的均衡性；施工工期，特别是截流、安装、蓄水、发电或其他受益时间的保证性；施工过程中河道综合利用的可行性；施工导流方案实施的可靠性等。为此，在方案比较时，还应进行水力计算、工程量计算与费用计算、拟定施工进度计划、施工强度指标计算与分析与河道综合利用的可能性与效果分析，限于篇幅这里将不再赘述。

（三）方案比较与选择

根据上述技术经济指标，综合考虑各种因素，权衡利弊，分清主次。既作定性分析，也作定量比较，最后选择出技术上可靠、经济上合理的实施方案。在比较选择过程中，切忌主观臆断，轻率地确定方案。实践证明，凡是不经充分比较，不从客观实际出发选择的方案，在技术经济方面均存在一定问题。

在导流方案比较中，应以规定的完工期限作为统一基准。在此基础上，再进行技术和经济比较。既要重视经济上的合理性，也要重视技术上的可行性和进度的可靠性。否则，也就没有经济上的合理性可言。总之，应以整体经济效益最优为原则。

在选择导流方案时，除了综合考虑以上各方面因素外，还应使主体工程尽可能及早发挥效益，简化导流程序，降低导流费用，使导流建筑物既简单易行，又适用可靠。导流方案的比较选择，应在同精度、同深度的几种可行性方案中进行。首先研究分析采用何种导流方法，然后再研究分析采用什么类型，在此全面分析的基则上，排除明显不合理的方案，保留可行的方案或可能的组合方案。

第五节　截流施工

施工导流中，以进占方式自两岸或一岸建筑戗堤形成龙口，并将龙口防护起来，在有利时机将龙口堵住，迅速截断原河道，迫使水流从预先修建好的导流泄水建筑物或预留泄水通道下泄的工程措施，称为截流。截流是水利工程施工中的关键项目，有一定风险，需做周密计划、充分准备，要有足够的抛投强度和科学的现场统一指挥调度。

一、截流施工

截流的施工过程为：戗堤进占→龙口加固→合龙→闭气。

向流水中抛投料物填筑戗堤的工作称为进占。两岸进占后预留的河道泄流口门称为龙口。为防止龙口河床和戗堤端部被冲刷毁坏，需要对龙口范围内进行防冲加固。闭合龙口、最终拦断水流的过程称为合龙。合龙后在戗堤迎水面采取防渗措施封堵渗漏通道称为闭气。

二、截流的基本方法

我国历史上利用土石、秸料、柳枝等当地材料进行堤防堵口及截流，积累了丰富的施工经验。现代截流工程多使用大块石和混凝土异形体等材料，利用大型自卸汽车及推土机施工。

截流抛投方式可分为立堵、平堵和平立堵。

1. 立堵法截流

立堵法截流是将截流材料从龙口的一端向另一端或从两端向中间抛投进占，如图 1-7 所示，逐步束窄龙口直至合龙截断河床水流。

立堵法截流施工较简单，但龙口单宽流量大、流速高，场地狭窄，抛投强度受限制，难度较大。因此，也可采用上下游双戗或多戗堤进占的立堵方式，使落差分散，减少截流难度。

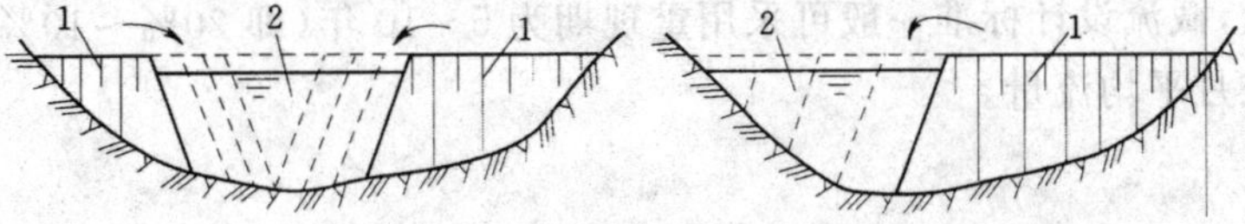

图 1-7 戗堤进占示意图

1—截流戗堤;2—龙口

2. 平堵法截流

平堵法截流时,是沿整个龙口宽度全线抛填截流材料,抛投体从河床底部开始逐层上升,直至露出水面后再进行加高培厚,形成围堰。平堵需在龙口架设浮桥、栈桥或其他跨河设施,其水力学条件较好,料物重量较小,施工场面宽阔,抛投强度高,但投资和准备工作量大。

3. 平立堵法截流

平立堵法截流是二者的结合,先立堵,后架桥平堵。长江葛洲坝水利枢纽于 1981 年 1 月进行大江截流,截流流量 4800 m^3/s,最大落差 3.23 m,最大流速 7m/s,日最大抛投强度 $7.2\times10^4 m^3$,截流历时 36 小时 23 分钟。

三、截流日期的选择

在选择截流日期时,应考虑以下几方面因素:

(1)截流建筑物必须修建完成。

(2)截流后的许多工作必须抢在汛前完成(如将围堰或永久建筑物抢筑到拦洪高程等)。

(3)在有通航要求的河道上,截流日期最好选在对通航影响最小的时期内。

(4)在北方有冰凌的河流上,截流不宜在流冰期进行。

截流日期一般选在枯水期初期,且流量已有显著减小时进行,而不选择在流量最小的时期。

四、截流设计流量的确定

截流设计流量是指某一确定的截流时间的截流设计流量。一般按频率法确定，根据已选定的截流时段，采用该时段内一定频率的流量作为设计流量，截流设计标准一般可采用重现期为5～10年（即20%～10%频率）的旬或月平均流量。

第六节　拦洪度汛

水利水电工程中后期的施工导流，常需要由未完建的坝体挡水或拦洪度汛。施工过程中坝体能否可靠拦洪，安全度汛涉及工程的进度和成败，所以拦洪度汛是施工进度安排中的一个控制性环节。

一、坝体拦洪时的导流标准

对于需要经过多个汛期才能建成的坝体工程，用围堰挡汛期洪水，既不经济，安全保证性又未必大，因为围堰的挡水标准总是有限的。若遇超标洪水，对于木过水的土石围堰尤为被动。提高围堰的标准，可增加围堰工程的安全性，但同时也增加了临时工程的费用。为了既可增加工程的安全性，又可节省工程投资，在枯水期宜采用低围堰挡水，汛期由坝体拦洪。临时围堰工程费用省了，拦洪度汛的标准还可相应提高，只增加了汛前坝体施工的强度。

用未完建的永久性坝体拦洪度汛，水库已拦蓄有一定水量，失事后损失更太，其导流标准与临时性建筑物挡水时应有所不同。按现行规范规定，坝体拦洪度汛的导流标准是根据坝体结构本身是否允许过水和坝体拦洪所形成库容的大小按表1-3来选用的。

当坝体拦洪度汛时导流泄水建筑物已封堵，而永久性泄洪建筑物尚未具备设计泄洪能力，此时的坝体拦洪度汛导流标准应分析坝体施工和运行要求后按表1-4所列选用。

表1-3　坝体施工期临时度汛的洪水标准[重现期(年)]

坝型	拦洪库容/($\times10^8 m^3$)		
	≥1.0	1.0～0.1	<0.1
土石坝	≥100	100～50	50～20
混凝土坝、浆砌石坝	≥50	50～20	20～10

表 1-4 导流泄水建筑物封堵后坝体度汛洪水标准[重现期(年)]

坝型		大坝级别		
		1	2	3
混凝土坝、浆砌石坝	设计	200～100	100～50	50～20
	校核	500～200	200～100	100～50
土石坝	设计	500～200	200～100	100～50
	校核	1000～500	500～200	200～100

汛前坝体上升高度应满足拦汛要求，帷幕灌浆和接缝灌浆高度应能满足蓄水要求。

根据以上洪水标准，通过调洪演算，并考虑波浪爬高和安全超高，可确定相应的坝体挡水或拦洪高程。

二、拦洪度汛措施

如果施工进度表明，汛期到来之前若坝体不可能修筑到拦洪高程时，必须考虑其他拦洪度汛措施。尤其当主体建筑物为土坝或堆石坝且坝体填筑又相当高时，更应给予足够的重视，因为一旦坝身过水，就会造成严重的溃坝后果。其他拦洪度汛措施因坝型不同而不同。

混凝土坝体是允许漫洪的，若坝身在汛期前不可能浇筑到拦洪高程，为了避免坝身过水时造成停工，可以在坝面上预留缺口以度汛，待洪水过后再封填缺口，全面上升坝体。

土坝、堆石坝一般是不允许过水的。若坝身在汛期前不可能填筑到拦洪高程时，一般可以考虑采用降低溢洪道高程、设置临时溢洪道并用临时断面挡水，或经过论证采用临时坝体保护过水等措施。

1. 临时断面挡水

采用临时断面挡水时，应注意以下几点。土坝拦洪的临时断面如图 1-8 所示。

(1)临时挡水断面顶部应有足够的宽度，以便在紧急情况下仍利余地抢筑子堰，确保度汛安全。

(2)临时挡水断面的边坡应保证稳定，其安全系数一般应不低于正常设计标准。为防止施工期间由于暴雨冲刷和其他原因而坍坡，必要时应采取简单的防护措施和排水措施。

(3)心墙坝的防渗体一般不允许单独作为临时挡水断面。

(4)上游垫层和块石护坡应按设计要求筑到拦洪高程，否则应考虑临时的防护措施。下游坝体部位，为满足临时挡水断面的安全要求，在基础清理完毕届，应按全断面填筑几米后再收坡，必要时应结合设计的反滤排水设施统一安排考虑。

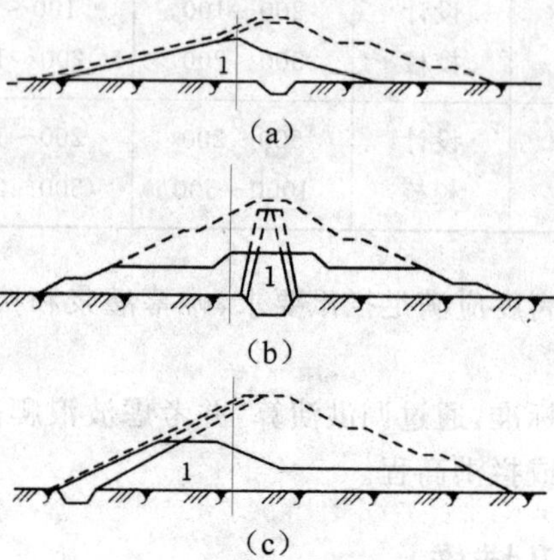

图 1-8　土坝拦洪的临时断面
1—临时断面

2. 临时坝面过水

采用临时坝面过水时，应注意以下几点。

(1)为保证过水坝面下游边坡的抗冲稳定，应加强保护或作成专门的溢流堰，例如利用反滤体加固后作为过水坝面溢流堰体等，并应注意堰体下游的防冲保护。

(2)靠近岸边的溢流体的堰顶高程应适当抬高，以减小坝面单宽流量，减轻水流对岸坡的冲刷。

(3)过水坝面的顶高程一般应低于溢流堰体顶高程 0.5～2.0m 或做成反坡式，以避免过水坝面的冲淤。

(4)根据坝面过流条件，合理选择坝面保护型式，防止淤积物渗入坝体，特别要注意防渗体、反滤层等的保护。必要时上游设置拦污设施，防止漂木、杂物淤积坝面，撞击下游边坡。

第七节　蓄水计划与封堵技术

施工后期，当坝体已修筑到拦洪高程以上，能够发挥挡水作用时，其他工程项目，如混凝土坝已完成了基础灌浆和坝体纵缝灌浆、库区清理、水库坍岸和渗漏处理已经完成，建筑物质量和闸门设施等也均经检查合格，这时，整个工程就进入了所谓完建期。应根据施工的总进度计划、主体工程或控制性建筑物的施工进度、天然河流的水文特征、下游的用水要求、受益时间及是否具备封堵条件等，有计划地进行导流用临时泄水建筑物的封堵和水库的蓄水工作。

一、蓄水计划

水库的蓄水与导流用临时挡水建筑物的封堵有密切关系，只有将导流用临时泄水建筑物封堵后，才有可能进行水库蓄水。因此，必须制订一个积极可靠的蓄水计划，既能保证发电、灌溉及航运等国民经济各部门所提出的要求，如期发挥工程效益，又要力争在比较有利的条件下，封堵导流用的临时泄水建筑物，使封堵工作得以顺利进行。

水库蓄水一般按保证率为75%～85%的年流量过程线来制订。可以从发电、灌溉及航运等国民经济各部门提出的运用期限和水位的要求，反推出水库开始蓄水的日期，即根据各时段的来水量减去下泄量和用水量得出各时段留在水库的水量，将这些水量依次累计，对照水库容积与水位关系曲线，就可制订出水库蓄水计划，也就是水库蓄水高程与历时关系曲线，如图1-9所示。蓄水计划是施工后期进行水流控制、安排施工进度的主要依据。

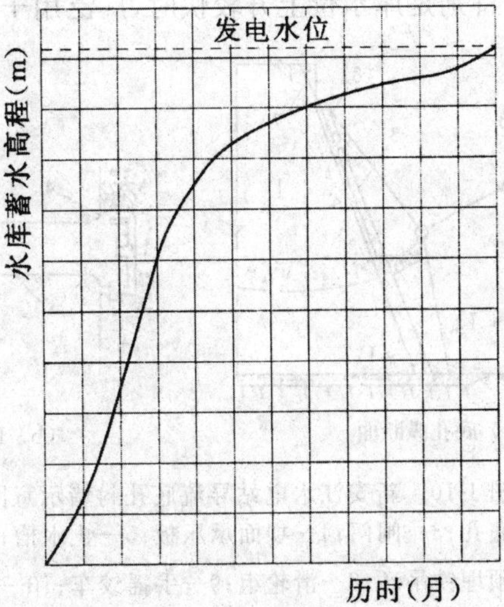

图1-9　水库蓄水过程与历时曲线

二、导流泄水建筑物的封堵

（一）封孔日期及设计流量

封孔日期与初期蓄水计划有关。导流孔洞的封堵，一般在枯水期进行。下闸封堵导流临时泄水建筑物的设计流量，应根据河流水文特征及封堵条件，采用封堵时段5～10年重现期的月或旬平均流量，或按实测水文统计资料分析确定。封堵工程施工阶段的导流设计标准，则应根据工程重要性、失事后果等因素在该时段5～20年重现期范围内选定。

（二）封堵方式及措施

导流孔洞最常用的封堵方式是首先下闸封孔，然后浇筑混凝土塞封堵。

1. 下闸封孔

常见的封孔闸门有钢闸门、钢筋混凝土叠梁闸门、钢筋混凝土整体闸门等。对于此类闸门，国外多用同步电动卷扬机沉放。我国新安江水电站工程的导流底孔封堵，成功地应用了多台5～10t手摇绞车，顺利沉放了质量达321 t的钢筋混凝土整体闸门，如图1-10所示。这种封孔方式断流快，水封好，方便可靠，特别是库水位上升较快时，广泛用于最后封孔。

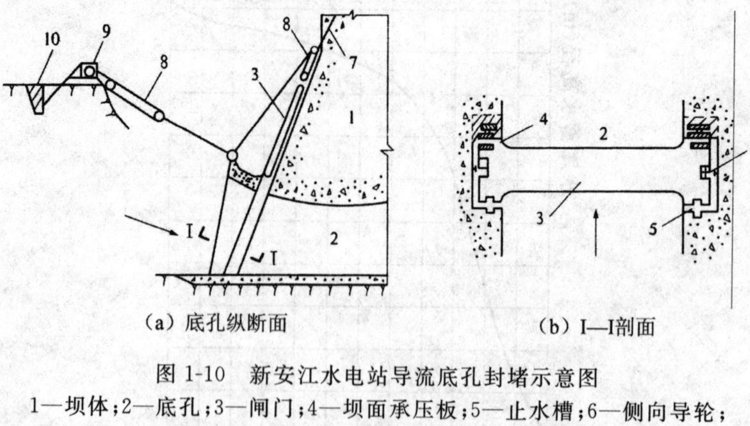

（a）底孔纵断面　（b）I—I剖面

图1-10　新安江水电站导流底孔封堵示意图

1—坝体；2—底孔；3—闸门；4—坝面承压板；5—止水槽；6—侧向导轮；7—预埋铁吊环；8—滑轮组；9—手摇绞车；10—锚锭

为了减轻封孔闸门重量，也有采用空心闸门或分节式闸门的。一般来说，这种闸门不宜用做最后封孔。对于无须过木、排冰的导流孔洞，可在洞进口处设中墩，以便减少封孔闸门重量，国内外许多工程就是这样做的。

2. 浇筑混凝土塞

导流底孔一般为坝体的一部分，因此封堵时需全孔堵死；而导流隧洞或涵管并不需要全孔堵死，只浇筑一定长度的混凝土塞，就足以起到永久挡水作用。

混凝土塞的最小长度可根据极限平衡条件由下式求出

$$l=\frac{KP}{A\gamma gf+\lambda c}$$

式中，K 为安全系数，一般取 1.1～1.3；P 为作用水头之推力，N；A 为导流隧洞或涵管的断面面积，m^2；γ 为混凝土重度，kg/m^3；f 为混凝土与岩石（或混凝土）的摩阻系数，一般取 0.60～0.65；g 为重力加速度，m/s^2；λ 为导流隧洞或涵管的周长，m；c 为混凝土与岩石（或混凝土）的黏结力，一般取 $(5\sim20)\times10^4$ Pa。

常用的混凝土塞为楔形，也有采用拱形和球壳形的。为了保证混凝土塞与洞壁之间有足够的抗剪力，通常采用与键槽结合的方法。当混凝土塞体积较大时，为防止因温度变化而引起开裂，应分段浇筑。必要时还需埋设冷却水管降温，待混凝土塞达到稳定温度时，再进行接缝灌浆。

第八节　基坑排水

在施工期间，为保证工程施工质量，创造良好的施工环境，将大气降水、基坑积水、渗水、施工废水、污水以及地下水等排到施工现场以外的措施，称为基坑排水（或施工排水）。基坑排水有初期排水和经常性排水。

一、基坑初期排水

在围堰水下部分完成后或过水围堰过水之后，必须在一定时间内将残留在基坑内的积水一次排出，即初期排水。

1. 初期排水量

基坑初期排水量包括：

（1）基坑积水（积水的计算水位，根据截流程序不同而异，应包括围堰堰体水下部分及覆盖地基的含水）。

(2)围堰堰体渗水(混凝土围堰可视为不透水)。

(3)地基渗水(渗水量与围堰结构型式、地基地质条件、防渗措施及初期排水时间长短有关)。

(4)围堰接头漏水。

(5)降雨汇水(可采用初期排水时段当月多年平均降雨量,换算为日均降雨量)。

2. 基坑水位下降速度及排水时间

水位下降不宜过快,防止渗透压力过大造成边坡失稳,产生坍坡事故;土质围堰水位下降速度开始排水时为0.5～0.8m/d,接近排干时允许达到1.0～1.5m/d。

排水时间,应考虑工期、水位允许下降速度、各期抽水设备及相应电负荷均匀性等因素,一般大型基坑为5～7d,中型基坑为3～5d。

3. 试抽法

在实际施工中制定措施计划时,常用试抽法来确定设备容量。采用试抽法可能出现以下3种情况。

(1)水位下降很快,表明原选用设备容量大,应关闭部分设备。

(2)水位不下降,可能是基坑有较大渗漏通道或抽水容量过小,应查明渗漏水部位并及时堵漏,或加大抽水容量后再试。

(3)水位下降至某一深度后不再下降。此时表明排水量与渗水量相等,需增大抽水容量并检查渗漏情况。

4. 排水方法

基坑初期排水用固定(吸水高度小于6m)或浮动(吸水高度大于6m)的水泵抽水,根据抽水量就可估算泵站抽水设备的配备功率,并考虑20%以上的备用切率。

固定式排水如图1-11(a)所示,当水泵吸水高度足够时(一般水泵的吸水高度为4～6 m),可将水泵布置在围堰上。

浮动式排水如图1-11(b)所示,当基坑较深、超过水泵吸水高度时,应随基坑开挖及水位下降而改变水泵的安装高度:①把水泵安放在沿滑道移动的平台上,如图1-11(b);②把水泵放在浮船上,如图1-11(c)。

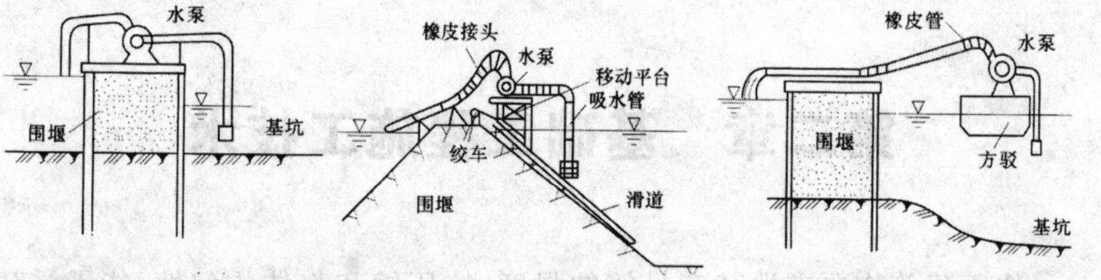

（a）固定式水泵　（b）水泵设在移动平台上　（c）水泵设在浮船上

图 1-11　基坑初期排水

二、经常性排水

基坑内积水排干后，围堰内外的水位差增大，此时渗透流量相应增大，对围堰内坡、基坑边坡和底部的动水压力加大，容易引起管涌或流土，造成塌坡和基坑底隆起的严重后果。因此，在经常性排水期间，应周密地进行排水系统的布置、渗透流量的计算和排水设备的选择，并注意观察围堰的内坡、基坑边坡和基坑底面的变化，保证基坑工作顺利进行。

1. 排水系统的布置

排水系统的布置通常应考虑两种不同情况：一种是基坑开挖过程中的排水系统布置；另一种是基坑开挖完成后修建建筑物时的排水系统布置。在进行布置时，最好能用一种布置来完成这双重任务，并且使排水系统尽可能不影响施工。

2. 排水量的估算

经常性排水的排水量包括围堰和基坑的渗水、降水、地层含水、基岩冲洗及混凝土养护废水等。关于围堰和基坑渗透流量的计算，在水力学、工程地质与土力学等课程中均有介绍，这里不再赘述。降水量可按抽水时段内最大日降水量在当天抽干计算。

第二章　基础工程施工技术

水工建筑物要求地基有足够的强度、抗压缩和整体均匀性，能承受建筑物的压力，保证抗滑稳定，且不产生过度的位移和沉陷；有足够的抗渗、耐久性，减少扬压力和渗漏量，不在长期侵蚀下恶化。天然地基一般较难满足上述要求，故需进行地基处理。

第一节　地基开挖

一、土的工程分类

按土开挖的难易程度，将土分为松软土、普通土、坚土、砂砾坚土、软石、次坚石、坚石、特坚硬石等八类。

松软土和普通土可直接用铁锹开挖，或用铲运机、推土机、挖土机施工；坚土、砂砾坚土和软石要用镐、撬棍开挖，或预先松土，部分用爆破的方法施工；次坚石、坚石和特坚硬石一般要用爆破方法施工。

二、地基开挖

地基开挖的目的，是将不符合设计要求的风化、破碎、有缺陷和软弱的岩层、松软的土和冲积物等挖掉，使建筑物修建在可靠的地基上；或者是根据结构设计的要求，将建筑物建在指定的高程上。

1. 地基开挖注意事项

(1)及时排除基坑积水。

(2)合理安排开挖程序，掌握“自上而下，先岸坡后河槽”的原则，分层开挖，逐步下降。

(3)合理选定基坑开挖范围与形态。

(4)正确选择开挖方法及开挖参数，以保证质量和安全为重点。

(5)做好开挖和利用石渣的综合平衡。

2. 地基开挖方法

地基开挖的具体施工方法包括松土、爆破、挖掘、装车、运输、卸渣等工序，与一般的土石方开挖相同，施工前应根据建筑物情况、地形地质条件、水文气象资料、工期要求等编制施工组织设计或施工技术措施。

第二节 爆破施工

一、爆破材料

(一)炸药

炸药是指在一定条件下能够发生快速化学反应、放出能量、生成气体产物并显示出爆炸效应的化合物或混合物。由氧化剂和还原剂两类物质组成。

因环境和条件的不同，炸药有 4 种不同形式的化学变化，即热分解、燃烧、爆炸和爆轰。

(二)起爆器材

起爆器材按其作用可分为起爆材料和传爆材料，各种雷管属半起爆材料，导爆索、导爆管属于传爆材料，继爆管、导爆索既可起爆也可用于传爆。

二、爆破施工

(一)深孔梯段爆破作业施工

凿岩爆破的施工包括平整穿孔施工场地、安装穿孔设备以及供电、供水、供风管网和线路的架设与安装等。此外，还有运输道路的平整、爆破施工的各种准备工作及爆破作业。

1. 凿岩作业

凿岩作业应严格遵守设备维护使用规程，按岗位规程的标准化作业程序进行操作。

2. 爆破作业

台阶深孔爆破是一项涉及面广、影响范围较大、工作环节较多的作业，它包括爆区的准备工作、炸药的运搬、装药、填塞、网路的连接、爆破警戒、起爆、爆后检查等。

(1)装药。爆区装药量核对无误，应在装药开始前先核对孔深、水深，再核对每孔的炸药品种、数量，然后清理孔口附近的浮渣、石块，做好装药准备，再核检微差雷管段别，装药时炸药应避免与岩渣接触，装粉状炸药要用无底布口袋，装防水炸药要用铝铲将炸药切成小块，保持装药顺畅。

(2)填塞。填塞工作是在完成装药工作以后进行的，对于塑性较好的炸药，应在完成装药后过 10～30min 再进行填塞，以防填塞物渗入炸药内。

(3)网路的连接。由于爆轰波的作用力在其传播方向上最强，与爆轰波传播方向成夹角的导爆索方向上，起爆能力会减弱，减弱的程度与此夹角大小有关。所以导爆索与导爆索之间的连接方式应采用图 2-1 所示的搭接、扭接、水手接和 T 形连接几种方式。其中搭接应用最多，为保证传爆可靠，搭接部分的长度应大于 15cm，支导爆索与主导爆索搭接时，其接头应朝向爆轰波的传播方向，夹角应大于 90°，在导爆索连接较多的情况下，为了防止弄错传爆方向，可以采用图 2-2 所示的三角形接法，这种方法不论主导爆索传爆方向如何都能保证起爆。

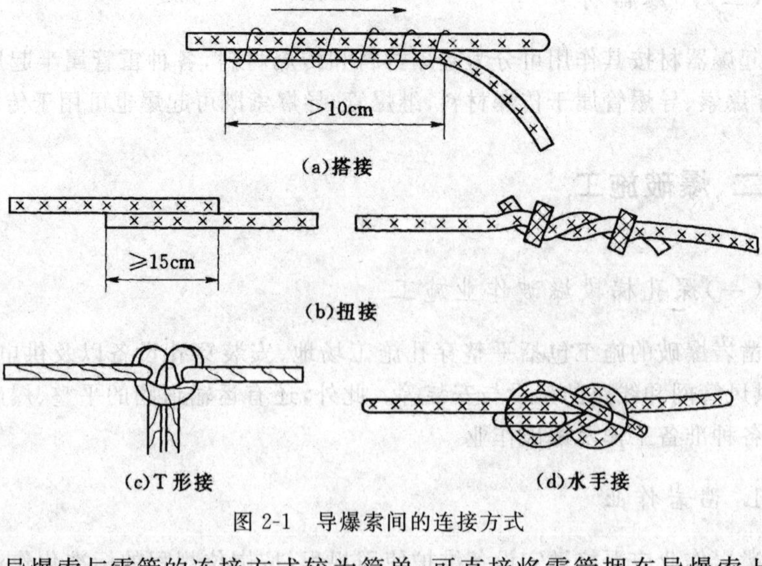

图 2-1　导爆索间的连接方式

导爆索与雷管的连接方式较为简单，可直接将雷管捆在导爆索上，不过雷管的聚能穴端应与导爆索传爆方向相同。

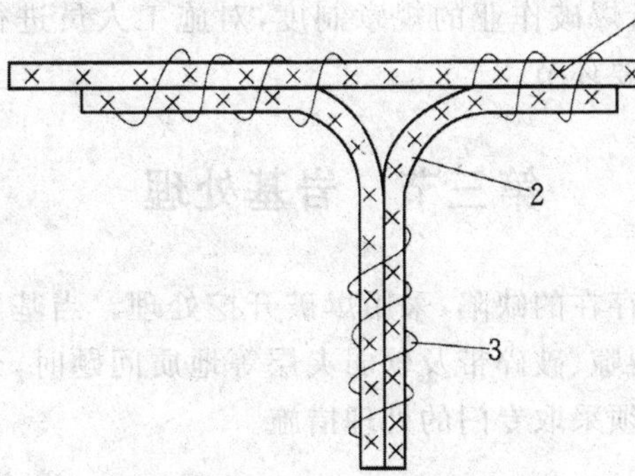

图 2-2 导爆索的三角形连接
1—主导爆索;2—支导爆索;3—捆绳

导爆索网路的敷设要严格按设计的方式和要求进行。敷设工作必须从最远地段开始,逐步向起爆源后退,即先进行炮孔导爆索与相应支导爆索的连接,然后逐段进行支导爆索与主导爆索以及继爆管的连接。支导爆索与主导爆索的连接全部完成,经检查无误,所有操作人员全部撤出危险区之后,方可进行起爆雷管与主导爆索的连接。

敷设应避免导爆管打结、对折、管壁破损、管径拉细、异物人管等问题,以保证爆轰正常传播而不至拒爆。对联线的安全问题做一强调。

(4)爆破警戒。爆破实施警戒工作应按规定执行,警戒范围主要依爆破安全距离确定。

(5)起爆。按爆破设计采用相关起爆方法进行,非电起爆方法采用火雷管击发引爆时,导火线应按安全撤离距离设置导火索长度。

(6)爆后检查。爆后必须对爆破现场进行检查,检查的内容包括是否全部炮孔起爆、每后对周围设备及建筑物的影响情况、爆堆的形状及安全状况。检查出有盲炮时,应分析盲爆的原因。

(7)盲炮处理。检查网路未被破坏时,可以采用重新起爆,如果抵抗线有变化,则要验算安全距离,加强警戒,再连线起爆。在距离炮孔口不小于10倍炮孔直径处另打平行互装药起爆,参数应另行确定;对于不抗水炸药,可以向孔内灌水,使炸药失效,然后做进一步处理。

(二)避免爆破公害和安全防护

在完成岩石爆破破碎的同时,爆破作业必然会伴生爆破飞石、地震波、空气中冲击波、噪声、粉尘和有毒气体等负面效应,即爆破公害。因此,在爆破作业中,需研究爆破公害的产生原因、公害强度的分布与衰减规律,通过科学的爆破设计,采用有效的施工工艺措施,以确保保护对象(包括人员、设备及邻近的建筑物或构筑物等)的安全。

此外，严格执行爆破作业的规章制度，对施工人员进行安全教育也是保证安全施工的重要环节。

第三节　岩基处理

对于表层岩石存在的缺陷，采用爆破开挖处理。当基岩在较深的范围内存在风化、节理裂隙、破碎带及软弱夹层等地质问题时，开挖处理不仅困难，而且费用太高，须采取专门的处理措施。

1. 断层破碎带处理

断层是岩石或岩层受力发生断裂并向两侧产生显著位移，常常出现破碎发育岩体，形成断层破碎带，长度和深度较大，强度、承载能力和抗渗性不能满足设计要求，必须进行处理。

对于宽度较小的表层断层破碎带，采用明挖换基方法，将破碎带一定深度两侧的破碎风化的岩石清除，回填混凝土，形成混凝土塞。

对于埋深较大且为陡倾角断层破碎带，在断层出露处回填混凝土，形成混凝土塞(取断层宽度的 1.5 倍)，必要时可沿破碎带开挖斜井和平洞，回填混凝土，与断层相交一定长度，组成抗滑塞群，并有防渗帷幕穿过，组成混合结构，如图 2-3 所示。

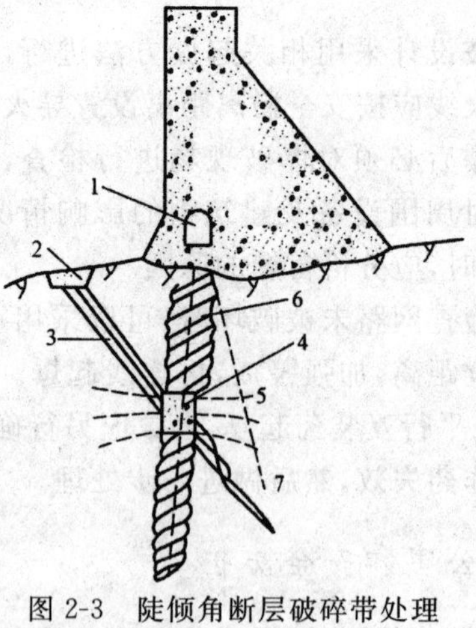

图 2-3　陡倾角断层破碎带处理

1—灌浆廊道；2—混凝土塞；3—断层破碎带；4—水平混凝土塞；5—固结灌浆；6—帷幕灌浆；7—排水孔

2. 软弱夹层处理

软弱夹层是指基岩出现层面之间强度较低、已泥化或遇水容易泥化的夹层，尤其是缓倾角软弱夹层，处理不当会对坝体稳定带来严重影响。

3. 岩溶处理

岩溶是可溶性岩层（石灰岩、白云岩）长期受地表水或地下水溶蚀作用产生的溶洞、溶槽、暗沟、暗河、溶泉等现象。这些地质缺陷削弱了地基承载力，形成了漏水通道，危及水工建筑物的正常运行。由于岩溶情况比较复杂，应查清情况，分别处理。

4. 岩基锚固

对于缓倾角软弱夹层，当分布较浅、层数较多时，可设置钢筋混凝土桩和预应力锚索进行加固。在坝基范围，沿夹层自上而下钻孔或开挖竖井，穿过几层夹层，浇筑钢筋混凝土，形成抗剪桩，如图 2-4 所示。在一些工程中采用预应力锚固技术，加固软弱夹层，效果明显。其形式有锚筋和锚索，可对局部及大面积地基进行加固，如图 2-5 所示。

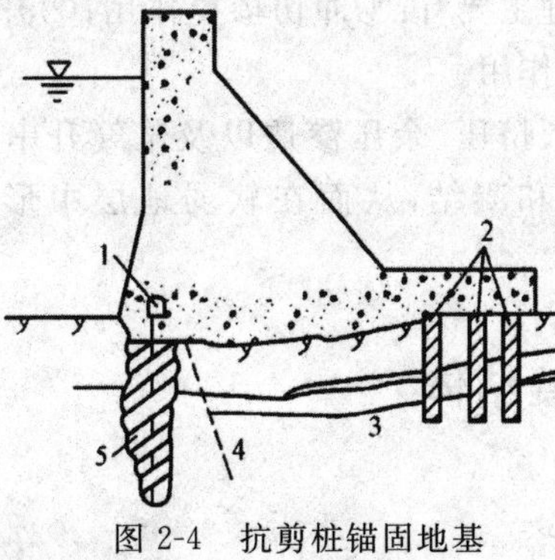

图 2-4　抗剪桩锚固地基

1—帷幕灌浆廊道；2—抗剪桩；3—软弱地基；4—排水孔；5—灌浆帷幕

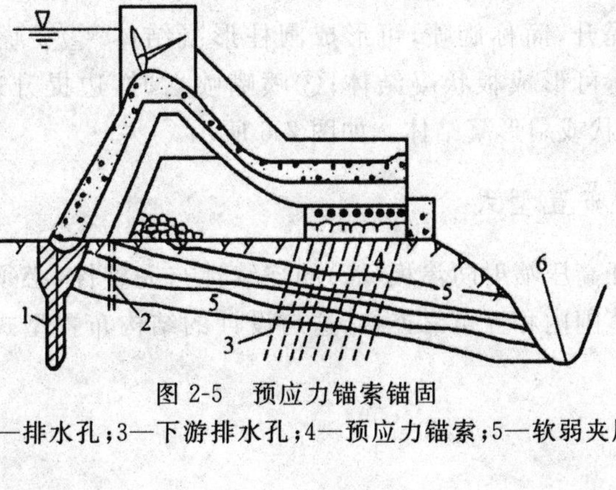

图 2-5　预应力锚索锚固

1—灌浆帷幕；2—排水孔；3—下游排水孔；4—预应力锚索；5—软弱夹层；6—冲刷坑

第四节　高压喷射灌浆

20 世纪 70 年代初，日本将高压水射流技术应用于软弱地层的灌浆处理，形成了一种新的地基处理方法——高压喷射灌浆法。目前，在应用高压喷射灌浆技术于大颗粒地层、动水、淤泥地层和堆石堤(坝)等场合，已经取得了丰富的经验；同时该技术在加固软弱的地层以作为建筑物的承载地基方面，也表现出较显著的技术经济效益。

一、高压喷射灌浆作用

高压喷射灌浆的浆液以水泥浆为主，通过专门的设备，使浆液(或水、气)压力达到 10～30MPa。当如此高压力的浆液喷射至软弱地层时，其对地层的作用和加固机理主要有：①冲切掺搅作用；②升扬置换作用；③挤压渗透作用；④位移握裹作用。

总之，在高压喷射、挤压、余压渗透以及浆气升串的综合作用下，通过对原地层介质的握裹和凝结，从而在软弱地层中形成连续和密实的凝结体。

二、高压喷射凝结体

1. 凝结体的型式

凝结体的型式与高压喷射方式有关。常见有三种：①喷嘴喷射时，边旋转边垂直提升，简称旋喷，可形成圆柱形凝结体；②喷嘴的喷射方向固定，简称定喷，可形成板状凝结体；③喷嘴喷射时，边提升边摆动，简称摆喷，形成哑铃状或扇形凝结体。如图 2-6 所示。

2. 结构布置型式

为了保证高压喷射防渗板(墙)的连续性与完整性，必须使各单孔凝结体在其有效范围内相互可靠连接，这与设计的结构布置型式及孔距有很大关系。

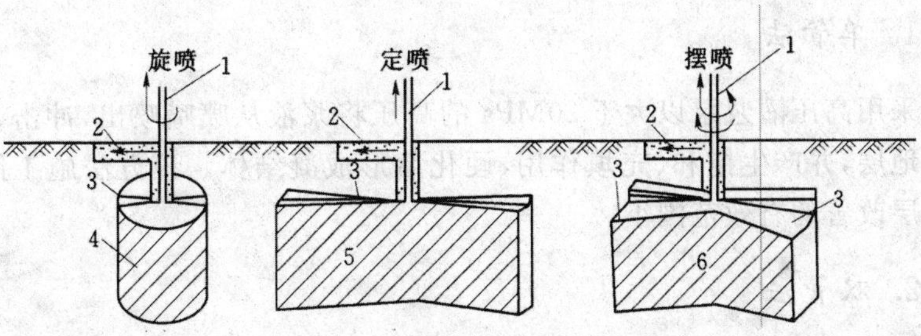

(a) 旋喷　　(b) 定喷　　(c) 摆喷

图 2-6　高压喷射灌浆的三种方式

1—喷射注浆管;2—冒浆;3—射流;

4—旋转成桩;5—定喷成板;6—摆喷成墙

常用的结构布置型式如图 2-7 所示。其中柱摆结构和旋喷套接结构的防渗效果较好。

各喷射灌浆孔的孔距大小,对凝结体间的可靠连接和工程进度与造价影响较大。孔距应根据地层条件、防渗要求、施工方法与工艺、结构布置型式及孔深等因素综合考虑,重要的工程应通过现场试验确定。

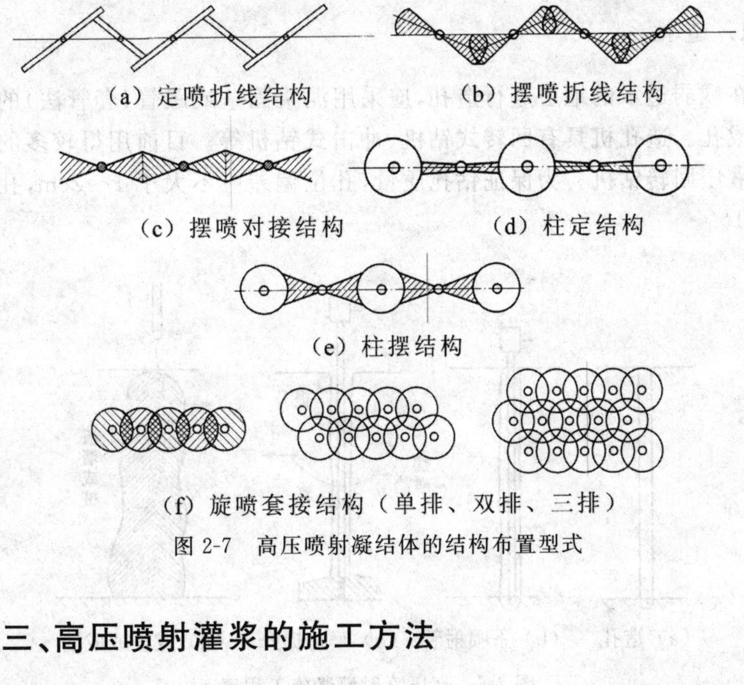

(a) 定喷折线结构　　(b) 摆喷折线结构

(c) 摆喷对接结构　　(d) 柱定结构

(e) 柱摆结构

(f) 旋喷套接结构(单排、双排、三排)

图 2-7　高压喷射凝结体的结构布置型式

三、高压喷射灌浆的施工方法

高压喷射灌浆的基本方法有单管法、双管法、三管法及多管法等几种,它们各有特点,应根据工程要求和地层条件选用。下面只介绍单管法和双管法。

1. 单管法

采用高压灌浆泵以大于 20MPa 的高压将浆液从喷嘴喷出，冲击、切割周围地层，并产生搅和、充填作用，硬化后形成凝结体。该方法施工简易，但地层改善的有效范围小。

2. 双管法

采用两个管道，分别将浆液和压缩空气直接射入地层，浆压达 45～50MPa，气压 1～1.5MPa。由于射浆具有足够的射流强度和比能，易于将地层加压密实。这种方法工效高，效果好，尤其适合处理地下水丰富、含大粒径块石及孔隙率大的地层。

四、施工程序与工艺

高压喷射灌浆的施工程序主要有造孔、下喷射管、喷射提升（旋转或摆动）、成桩或成墙。如图 2-8 所示。

1. 造孔

在软弱透水的地层进行造孔，应采用泥浆固壁或跟管（套管法）的方法确保成孔。造孔机具有回转式钻机、冲击式钻机等。目前用得较多的是立轴式液压回转钻机。为保证钻孔质量，孔位偏差应不大于 1～2cm，孔斜率小于 1%。

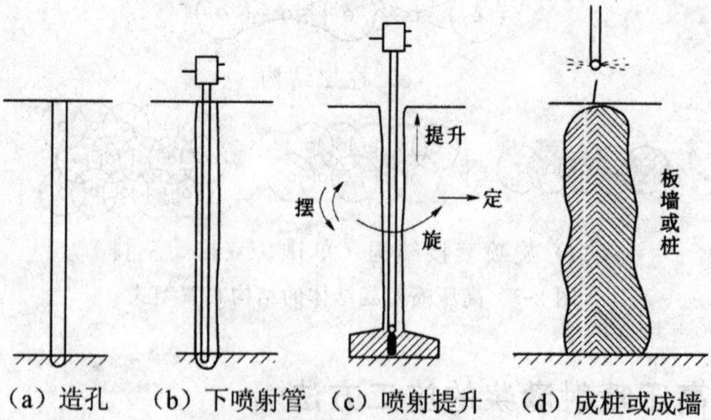

图 2-8　高压喷射灌浆施工程序

2. 下喷射管

在泥浆固壁条件下的钻孔,可以将喷射管直接下入孔内,直到孔底。用跟管钻进的孔,可在拔管前向套管内注入密度大的塑性泥浆,边拔边注,并保持液面与孔口齐平,直至套管拔出,再将喷射管下到孔底。将喷嘴对准设计的喷射方向,不偏斜,是确保喷射灌浆成墙的关键。

3. 喷射灌浆

根据设计的喷射方法与技术要求,将水、气、浆送入喷射管,喷射1～3min;待注入的浆液冒出后,按预定的速度自上而下边喷射边转动、摆动,逐渐提升到设计高度。进行高压喷射灌浆的设备由造孔、供水、供气、供浆和喷灌等五大系统组成。图 2-9 为高压喷射灌浆系统示意图。

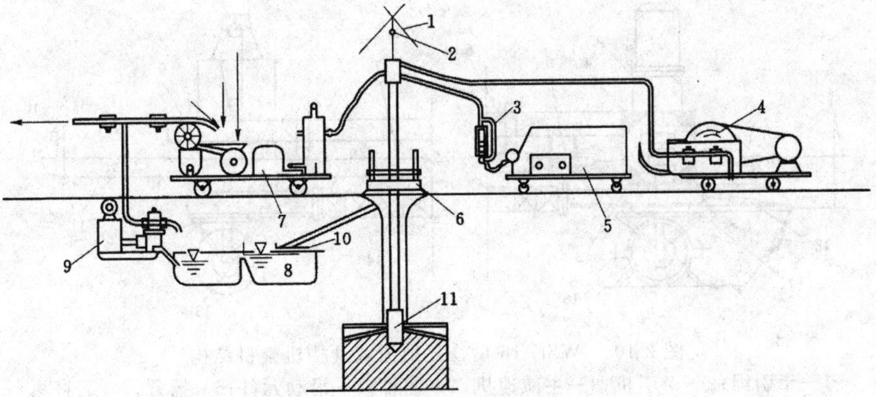

图 2-9 高压喷射灌浆系统示意图

1—三角架;2—卷扬机;3—流量计;4—高压水泵;5—空压机;6—孔口装置;7—搅浆机;8—贮浆池;9—回浆泵;10—筛;11—喷头

第五节 混凝土防渗墙

混凝土防渗墙是水工建设中较普遍采用的一种地下连续墙,是透水性土基防渗处理的一种有效措施。

一、成槽技术

各种混凝土连续墙施工工艺的区别,主要在于成槽方法和排渣方法的不同。成槽技术又分为锯槽法和挖掘法。限于篇幅下面只介绍锯槽法成槽中的往复射流式开槽机成槽施工与链斗式开槽机成槽施工。

锯槽法成槽灌注连续墙是20世纪90年代才发展起来的一种新的混凝土连续墙施工技术。现已被广泛应用于黄河、长江大堤的防渗除险加固工程中。

1. 往复射流式开槽机成槽施工

往复射流式开槽机是应用最广泛的开槽机械,适应范围较广。该设备综合运用了锯、犁和射流冲击的原理,集中了各类开槽机的优点,具有功率大、成槽速度快、整机结构紧凑、便于拆装、便于运输等优点。WSK-16型往复射流式开槽机整机结构见图2-10。

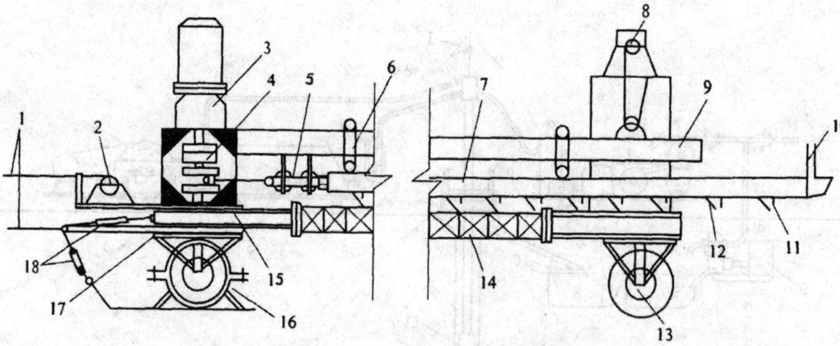

图2-10 WSK-16型往复射流式开槽机整机结构
1—牵引绳;2—牵引机;3—主减速机;4—曲轴;5—滑动元件;6—摇臂;7—刀杆;8—卷扬机;9—刀架(大臂);10—反循环泥浆管;11—喷嘴;12—刀齿;13—后行走轮;14—大架;15—主机架;16—铁鞋;17—转盘;18—花篮丝

往复射流式开槽机最适用于砂壤土、粉土地层的作业。由于运用了锯的切割作用、犁的翻土作用、高压水(泥浆)的射流冲击作用,所以对砂壤土、粉土地层特别有效。该机拥有100多个射流喷嘴,出口流速达到20m/s,锯、犁和射流的共同作用切开土体,由反循环抽砂泵迅速排出粗颗粒液体和沉渣,从而成槽。同时,由循环水(泥浆)形成浆液,起到固壁作用。其工作原理如图2-11所示。

2. 链斗式开槽机成槽施工

链斗式开槽机结构较复杂,设备较繁重,操作难度比往复射流式开槽机大,设备造价也要高出近一倍。链斗式开槽机行走机构有两种形式:一种是轮式,另一种是轨道式。前者较简单方便,后者则复杂笨重。LDK-15型链斗式开槽机整机结构见图2-12(轮式行走机构)。

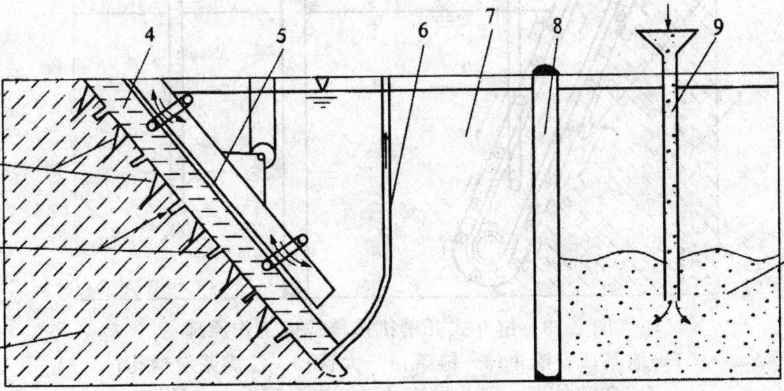

图2-11 往复式射流开槽机造槽成墙工作原理

1—地基;2—喷水嘴;3—刀齿;4—刀杆;5—大臂;6—反循环泥浆管;7—注满泥浆槽孔;8—隔离体;9—漏斗导管;10—已浇混凝土

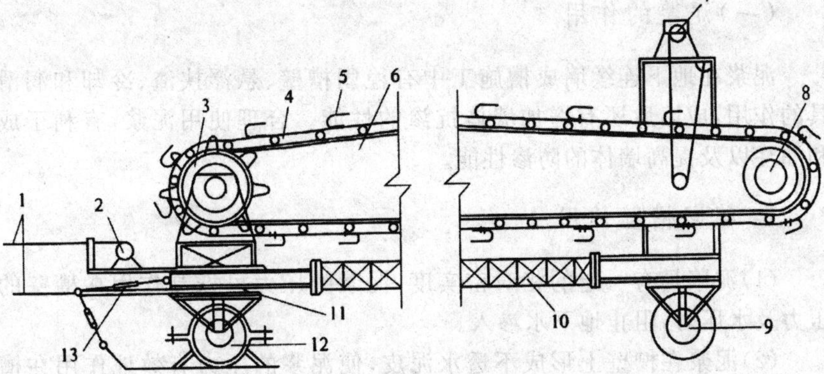

图2-12 链斗式开槽机

1—牵引绳;2—牵引机;3—主动轮;4—链条;5—挖斗;6—支撑臂;7—卷扬机;8—从动轮;9—后继轮;10—工作架;11—转盘;12—铁鞋;13—花篮丝

链斗式开槽机的工作原理是利用耐磨链条带动挖斗将土体挖开,然后造浆固壁成槽。造槽成墙工作原理如图2-13所示。其最大优点是对黏性土、直径小于15cm的砂石土层作业特别有效。

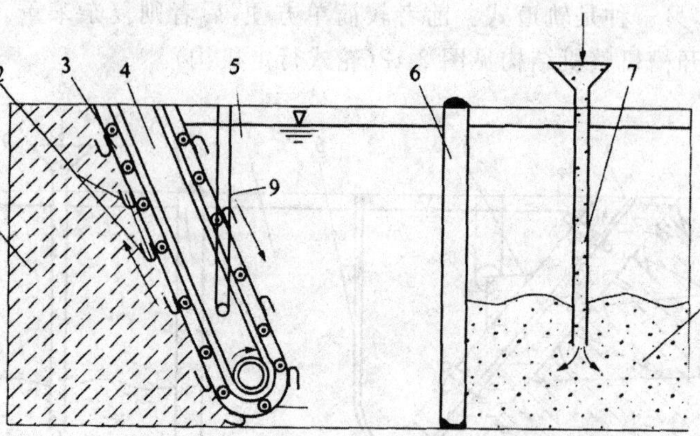

图 2-13　链斗式开槽机造槽成墙工作原理

1—地基；2—挖斗；3—链条；4—大臂；5—注满浆液槽孔；

6—隔离体；7—漏斗导管；8—已浇混凝土；9—吊绳

二、泥浆固壁

(一)泥浆的作用

泥浆在地下连续墙成槽施工中有稳固槽壁、悬浮挟渣、冷却和润滑钻具的作用，成墙后还有增加墙体抗渗的性能。合理使用泥浆，有利于成槽和灌注以及提高墙体的防渗性能。

1. 稳固槽壁作用

(1)泥浆具有一定的相对密实度，泥浆的压力可抵制作用在槽壁的土压力及水压力，阻止地下水渗入。

(2)泥浆在槽壁上形成不透水泥皮，使泥浆的压力有效地作用在槽壁上，防止槽壁剥落。

(3)泥浆从槽壁表面向地层内渗透到一定的范围就会使黏土颗粒黏附在槽壁上，通过这种黏附作用可以防止槽壁坍塌和透水。

2. 悬浮挟渣作用

在成槽过程中，泥浆具有的黏度可以将成槽施工产生的土渣悬浮起来，便于泥浆循环挟带排出，同时避免土渣沉积在工作面上影响成槽效率。

3. 冷却润滑作用

泥浆既可降低造孔机具因作业而引起的温度升高，又具有润滑机具减轻磨损的作用,有利于延长机械的使用寿命和提高成槽效率。

(二)泥浆的要求

(1)泥浆应能在孔壁上形成密实泥皮,并且在泥浆自重作用下,孔壁上形成一定的静压力,保证孔壁不坍塌,但泥皮不宜太厚,以免孔径收缩。

(2)泥浆应具有一定静切力,使钻屑呈悬浮状态,并且随循环泥浆带至地面,但黏滞性不宜太高,否则会影响泥浆泵的正常工作并给泥浆净化工作带来困难。

(3)泥浆应具有良好的触变性,流动时近于流体,静止时迅速转为凝胶状态,有足够大的静切力,能够避免砂粒的迅速沉淀。

(4)泥浆中砂粒含量应尽可能少,便于排渣,提高泥浆重复使用率,减少泥浆的损耗。

(5)泥浆应有良好的稳定性,即处于静止状态的泥浆在重力作用下,不致离析沉淀而改变泥浆性能。

(三)泥浆的指标

泥浆质量控制指标有:①静切力与触变性;②黏度;③失水量、泥饼厚度和造壁能力;④稳定性与胶体率或澄清度;⑤相对密实度;⑥含砂量;⑦pH。

在砂卵石地层中造孔成槽,泥浆质量可按表2-1所列指标进行控制。

表 2-1 泥浆质量控制指标

静切力/dPa		黏度/s	失水量/(mL·(30 min^{-1})	泥饼厚度/mm	稳定性	胶体率/%	相对密实度	含砂量/%	pH
1min	10min								
20~30	50~100	18~25	20~30	2~4	≤0.3	1>96	1.1~1.2	≤5	7~9

第六节 垂直铺塑防渗技术

一、概述

土工合成材料是应用于岩土工程的、以高分子合成材料为原材料制成的新型建筑材料,已广泛应用于水利、公路、铁路、港口、建筑等各个工程领域。

目前，国内外通常采用聚酯纤维、聚丙烯纤维、聚酰胺纤维及聚乙烯醇纤维等原料制造土工合成材料，形成了八大系列产品，如土工织物、土工膜、土工网、土工格栅、土工席垫、土工织物模袋、土工复合材料及相关产品等。其中，土工膜是土工台成材料中应用最早，也是最广泛的一种系列产品。土工膜为相对不透水的聚合物薄片在岩土和土木工程中用于防渗、水和气体输送等。几种土工膜的基本材料性能见表 2-2。

表 2-2　几种土工膜基本材料性能

性能	氯化聚乙烯(CPE)	高密度聚乙烯(HDPE)	聚氯乙烯(PVC)	氯磺聚乙烯(CSPE)	耐油聚氯乙烯(PVC—OR)
力学特性顶破强度	好	很好	很好	好	很好
撕裂强度	好	很好	很好	好	很好
伸长率	很好	很好	很好	很好	很好
耐磨性	好	很好	好	好	
热力特性(低温柔性)	好	好	较差	很好	较差
尺寸稳定性	好	好	很好	差	很好
最低现场施工温度(℃)	−12	−18	−10	5	5
渗透系数(m/s)	10^{-14}		7×10^{-15}	3.6×10^{-14}	10^{-14}
极限铺设边坡	1∶2	垂直	1∶1	1∶1	1∶1
溶剂	很好	好	很好	很好	很好
现场拼接	热力	差	差	好	差
黏结剂	好		好	好	好
最低现场黏结温度(℃)	−7	10	−7	−7	5
相对造价	中等	高	低	高	中等

国内外堤坝渗流控制中所应用的土工合成材料，主要是相对不透水的土工膜和透水反滤的土工织物。本节仅介绍土工膜用于坝基垂直防渗的施工技术，简称为垂直铺塑。

垂直铺塑是自 20 世纪 80 年代初研究发展起来的一项新的防渗技术，经过多年的发展和革新，已日趋成熟并广泛应用于水库大坝和江河、湖泊大堤的防渗加固工程。工程施工流程如图 2-14 所示。

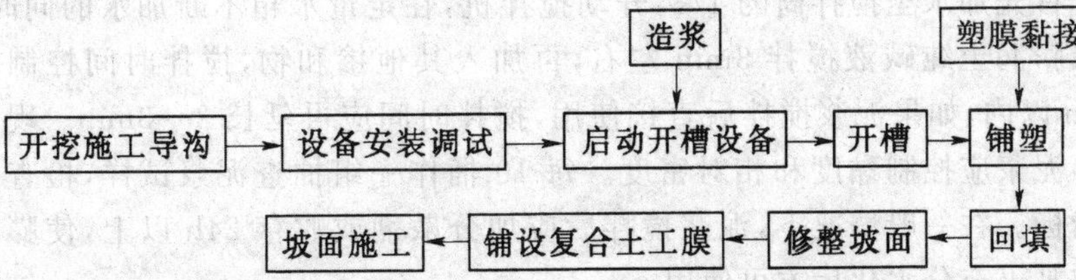

图 2-14　工程施工流程图

与早期类似的其他防渗技术(如混凝土防渗墙等)相比,垂直铺塑防渗技术具有经济适用、防渗透性能好、施工速度快的优点。

二、机械设备

垂直铺塑防渗技术主要设备是开槽机,辅助设备有拌浆机、循环泥浆泵、抽砂泵、水泵等。垂直铺塑防渗成槽工艺原理与锯槽法成槽施工工艺是基本相同的,区别在于排渣和泥浆固壁方面,不像做混凝土防渗墙那样严格和规范。垂直铺塑成槽施工,多采用往复式射流开槽机或链斗式开槽机。

三、泥浆循环固壁

为了保证槽孔的稳定性,垂直铺塑防渗施工过程中泥浆循环固壁工艺非常关键。

1. 泥浆材料的选择

护壁泥浆要求相对密度小、黏度适当、稳定性好、过滤水量少,泥皮形成时间短且薄,表面又有韧性。

2. 泥浆的性能指标

泥浆拌制和使用时必须检验,选择护壁泥浆的性能时应考虑到地质条件及成槽方法。泥浆的性能指标应通过试验确定。

3. 泥浆的制造

制造泥浆的泥浆拌和系统应包括泥浆拌和机、贮料斗、贮有各种材料的桶或斗、木箱等。在经过试验确定好泥浆的材料配合比后可进行泥浆连续生产。

首先加水至搅拌筒的1/3，开动搅拌机，在定量水箱不断加水的同时，加入膨润土纯碱液搅拌3min左右，再加入其他掺和物，搅拌时间控制在5min以内，如果泥浆搅拌后直接使用，搅拌时间应再延长2～3min。现场搅拌泥浆应控制黏度和相对密度。每10桶作一组抽查泥浆试样，检查全面指标。在一般情况下，泥浆搅拌后应加分散剂或贮存24h以上，使膨润土或黏土充分水化后方可使用。

4. 泥浆处理装置

通过槽孔循环后排出的泥浆，由于膨润土和增黏剂等主要成分的消耗以及土渣和电解质离子的混入，其质量降低，失去原有的性质，因此必须净化处理再生后，才能使用。

四、垂直铺塑土工膜的选择、连接设计和焊接

1. 材料

水利工程中做垂直防渗用的土工合成材料一般为土工膜和复合土工膜。

2. 物理力学性能指标

《聚乙烯(PE)土工膜防渗工程技术规范》(SL/T 231—98)规定，土工膜的物理力学性能指标应符合下列要求：密度ρ不应低于900kg/m^3；破坏拉应力δ不应低于12MPa；断裂伸长率ε不应低于300%；弹性模量E在5℃不应低于70MPa；抗冻性(脆性温度)不应低于－60℃；连接强度应大于母材强度；撕裂强度应大于或等于40N/mm；抗渗强度应在1.05MPa水压下48h不渗水；渗透系数小于10^{-11}cm/s。

3. 渗透计算

在质量合格条件下，PE土工膜的正常渗透量可按下式计算

$$Q=KA\frac{\Delta H}{\delta}$$

式中：Q为正常渗透量，m^3/s；K为土工膜渗透系数，m/s；A为土工膜渗透面积，m^2；ΔH为土工膜上下游水位差，m；δ为土工膜厚度，mm。

4. 连接设计

PE土工膜底边和周边应与不透水基底和不透水结构紧密连接，形成

封闭或半封闭式的不透水防渗结构体系。若 PE 土工膜顶边不能与不透水结构相接时，膜顶边高程应超出最高水位时的波浪最大爬高，超高值应不小于 0.5 m。

5. PE 土工膜的焊接

PE 土工膜采用焊接形式达到成幅的目的。焊接可采用双轨自动行走焊接机。

6. 焊接质量检测

(1)PE 土工膜焊接后，应及时对下列部位的焊接质量进行检测：全部焊缝、焊缝结点、破损修补部位、漏焊和虚焊的补焊部位、前次检验未合格再次补焊的部位。

(2)现场检验，可随焊接进度由施工单位(乙方)自检。自检合格后提交甲方或质检等部门联合抽样检验或全检。自检和联检的合格报告应作为质量验收依据。特殊情况也可根据双方约定，做室内接头检测。

(3)室内检测，应随机截取 1～2 片 10～50cm 现场焊缝试样，按室内检测方法检测。

焊接的质量应符合相关的要求，在进行检测时也需要遵守相关的规定，限于篇幅，这里将不再介绍。

五、下膜施工

1. 施工要求

(1)PE 土工膜的贮运要符合安全规定。运至现场的土工膜应在当日用完。

(2)PE 土工膜铺设前应做好相应的基础准备工作。

(3)PE 土工膜的铺设施工应符合相关的技术要求。

(4)PE 土工膜的铺设需注意相关的事项，以确保施工的正常进行。

(5)PE 土工膜现场连接应符合有关规定。

2. 下膜形式

垂直铺塑防渗的下膜形式有两种：一是重力沉膜法；二是膜杆铺设法。

六、回淤和填土

垂直铺塑的最后一道工序是回填，下膜后回填一般是回淤和填土相结合。回淤即是利用开槽时砂浆泵抽出的槽中砂土料浆液进行自然淤积。由于不够满槽的回淤需要量，需另外备土补填。回填土料不应含有石块、杂草等物质，其质量应符合设计要求。

七、防渗效果的检测与评价

垂直铺塑工程施工结束后，要经过 1～2 个洪水期进行防渗效果的检测与评价。由于采取了铺塑帷幕防渗，使得幕前水头增大，相应的渗流量、渗透压力、渗透途径、浸润线都发生了很大变化。因此，要通过洪水周期对坝体的防渗效果进行检测。

防渗效果的检测分为表面现象观测和测压管水头分析检测两部分。详见有关专著。

第三章　土石坝工程施工技术

土石坝包括各种碾压式土坝、堆石坝和土石混合坝，是一种充分利用当地材料的坝型。坝体材料以土和砂砾为主时，称土坝；以石渣、卵石、爆破石料为主时，称堆石坝；当两类当地材料均占相当比例时，称土石混合坝。

我国已建的水利枢纽中以土石坝最多。它具有就地取材，需要水泥、钢材、木材较少，对地基要求较低，施工技术简单，易为群众所掌握的特点，因而应用极为广泛。

第一节　坝体材料与料场规划

一、土石坝筑坝材料及其要求

土石坝最大的特点是对材料的适应性，能够根据近坝材料的特性，设计坝体断面。因此，土石坝又被称作当地材料坝。

(一)防渗料

作为防渗土料最基本的要求是防渗性，渗透系数不大于 1×10^{-5} cm/s 时，一般即可满足要求。施工性方面，一般要求土料的天然含水量在最优含水量附近，无影响压实的超径材料，压实后的坝面有较高的承载力，以便于施工机械正常作业。只要渗透系数满足要求，做好反滤保护，无塑性的粉质砂土也可以作为高坝的防渗材料。严格反滤、放宽材料，是现代心墙用料的工程趋势。

细粒土是我国采用最多的防渗材料，在 20 世纪 80 年代以前开工建设的高土石坝的心墙都采用纯细粒土，其最大粒径不超过 5mm。黄河小浪底斜心墙堆石坝(坝高 154m)也采用细粒土作为心墙料。只要坝址附近有数量足够、天然含水量适中的细粒土，采用细粒土作为防渗料经常是较好的选择。

采用黏土与砂砾石掺和料作防渗材料，可以改善防渗体的施工性，减小其压缩性，并增强其抗冲蚀能力。如我国援外项目阿尔巴尼亚的菲尔泽垂直心墙坝（坝高165.5m）即采用掺和料作防渗料。糯扎渡大坝心墙料针对天然土料颗粒偏细、强度偏低且不利于多雨地区施工等问题，采用掺砾土料。土料来自农场土料场，砾石料经白莫箐沟石料场开采由砾石料加工系统生产，以65∶35的比例水平摊铺立面回采，上坝填筑。

（二）坝壳料

工程实践中，堆石、砂砾石及风化料等均可作为坝壳料。

堆石按施工方式可分为抛填、分层碾压、手工干砌石、机械干砌石等；按其材料及来源可分为采石场玄武岩、变质安山岩、砂岩、砾岩、采石场花岗岩、片麻岩、石灰岩、冲积的漂卵石、石渣料等。堆石是最好的筑坝材料，现广泛用作高土石坝的坝壳料。

我国已建的土石坝坝壳采用砂砾石的很多，如大伙房、密云、石头河、碧口等。混凝土面板堆石坝中，不少也以砂砾石为筑坝材料，如小干沟、两岔河、吉林台一级等。碾压砂砾石压缩性低，抗剪强度高，但往往细粒含量大，易冲蚀，易管涌，因此需采取渗流控制措施。

风化料属于抗压强度小于30MPa的软岩类，往往存在湿陷问题。因此，用作坝壳料，其填筑含水量必须大于湿陷含水量，压实到最大密度，以改善其工程性质。

（三）反滤料

反滤料一般要满足坚固度要求，级配要求严格，一般采用混凝土砂石料生产系统生产，但不要求冲洗。也可采用天然冲积层砂砾石经筛分生产。

二、料场规划的原则

料场即土石坝体填筑材料的取用场地，主要包括土料场及石渣料场。由于修筑坝体需要大量的土石方，它对于工程质量、工效、造价和工期都有重大影响。料场规划的目的是在对料场进行全面而细致调查的基础上，从空间、时间、质与量等方面，进行通盘考虑，以便合理地使用料场，加快施工进度，充分发挥经济效益。

土石料的上坝运距尽可能短些，高程宜有利于重车下坡，即高料高用，低料低用，以减少运输成本。但料场如布置在坝体轮廓线300m以内，则会影响主体工程的防渗和安全，且与上坝运输相干扰，故应避免。骨料场应注意避免道路坡度过陡而引起运输事故。坝的上下游、左右岸最好都选有料场，以便在高峰作业时，扩大上料工作面，减少施工干扰。料场的位置还应利于排除地表水和地下水。对石渣料场尚应考虑与重要建筑物和居民点保持足够的防爆、防震的安全距离。

除料场的总储量应满足完成坝体的要求外，而且应满足各施工阶段最大上坝强度的需要。一般应设有主要料场和备用料场。主要料场质量好、储量大，开采集中，距坝址较近，且应有利于常年开采。备用料场一般应设在淹没区范围以外，以便当主要料场被淹、土料过湿或因其他原因造成主要料场不能使用时备用以保证开采、填筑工作能够正常进行。主要料场总储量应比设计总方量多50%～100%，备用料场的储量应为主要料场总储量的20%～30%。

根据以上原则可制定工程料场规划，见表3-1。表3-1可结合图3-1坝体不同填筑部位所用料场示意图一起使用。

表3-1　××工程料场规划表

料场编号	料场名称	地点	距坝距离/km	埋深/m	面积/m^2	储量/m^3	使用时间

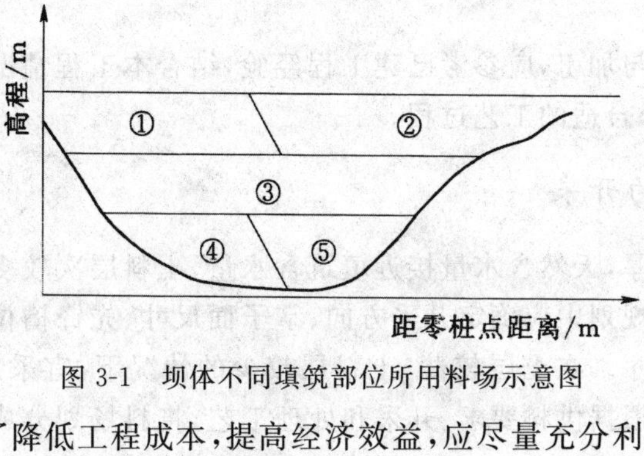

图3-1　坝体不同填筑部位所用料场示意图

此外，为了降低工程成本，提高经济效益，应尽量充分利用挖方作为填筑材料，如开挖时间与上坝时间不相吻合时，可安排堆料场加以储备。

三、料场优化的基本方法

土石方平衡的原则是：充分而合理地利用建筑物开挖料。根据建筑物开挖料和料场开采料的料种与品质，安排采、供、弃规划，优料优用，劣料劣用。保证工程质量，便于管理，便于施工。充分考虑挖填进度要求，物料储存条件，且留有余地，妥善安排弃料，做到保护环境。

1. 填挖料平衡计算

根据建筑物设计开挖工程量、地质资料、建筑物开挖料可用不可用分选标准，并进行经济比较，确定并计算可用料和不可用料数量；根据施工进度计划和渣料存储规划，确定可用料的直接上坝数量和需要临时存储的数量。

2. 土石方调度优化

土石方调度优化的目的是比选输量调度方案，降低运输费用和工程造价。土石方调度是一个物资调动问题，可用系统规划和计算机仿真技术等进行求解分析。对于大型土石坝，可进行土石方平衡及坝体填筑施工动态仿真，优化土石方调配，论证调度方案的经济性、合理性和可行性。

第二节　土石料的开挖与运输

一、土石料的开采与加工

坝料开采与加工，应参考已建工程经验，结合本工程情况，进行必要的现场试验，选择合适的工艺过程。

1. 土料的开采

当土层较厚，天然含水量接近填筑含水量，土料层次较多时，宜采用立面开采方法。规划中应确定开采方向、掌子面尺寸、先锋槽位置、采料条带布置和开采顺序。在土层较薄，土料层较少的情况下，宜采用平面开采方法。规划中应根据供料要求、开采和处理工艺，将料场划分成数区，进行流水作业。

2. 土料的加工

土料的加工包括调整土料含水量、掺合、超径料处理和某些特殊的处理要求。降低土料含水量的方法有挖装运卸中的自然蒸发、翻晒、掺料、烘烤等。提高土料含水量的方法有在料场加水、料堆加水，在开挖、装料、运输、坝面洒水等方法。

3. 坝料开采应注意的问题

在开采过程中要注意以下问题：

(1)开采面的划分应与料场施工条件及填筑强度相适应，必要时，还应划定供调节使用的备用工作面。

(2)应根据坝料质量和使用情况，在开采过程中及时对料场开采区进行调整。当发生重大变更时，应对料场重新规划。

(3)枢纽建筑物开挖利用料应采用合理的爆破及装运方法。

(4)坝料堆存场宜选择在距坝面较近交通方便的区域，周围宜设置泄洪、排水措施及防污染的隔离防护设施，人工备存料宜采取防雨、防雪、防尘、防蒸发、防冻等措施。

(5)人工制备料堆存前应检验合格，堆行过程中应防止成品料分离，分离料应处理合格后再使用；对上料要选择合适的卸料及堆存方式。

(6)堆存料应标明编号、规格、数量、检验结果以及拟铺筑的工程部位。必要时，需设置专人进行现场管理。

二、挖运机械

(一)挖掘机械

挖掘机械的种类繁多，就其构造及工作特点，有循环单斗式和连续多斗式之分。就其传动系统又有索式、链式和液压传动式之分。液压传动具有突出的优点，现代工程机械多采用液压传动。

1. 单斗式挖掘机

以正向铲挖掘机为代表的单斗式挖掘机，有柴油或电力驱动两类，后者又称电铲。挖掘机有回转、行使和挖掘三个装置。图 3-2 是液压正向铲挖掘机。

正向铲挖掘机有强力的推力装置，能挖掘Ⅰ～Ⅳ级土和破碎后的岩石。机型常根据挖斗容量来区分。

正向铲挖掘机可挖掘停机地面以上，也可以挖掘停机地面以下，但不宜用于水下开挖。

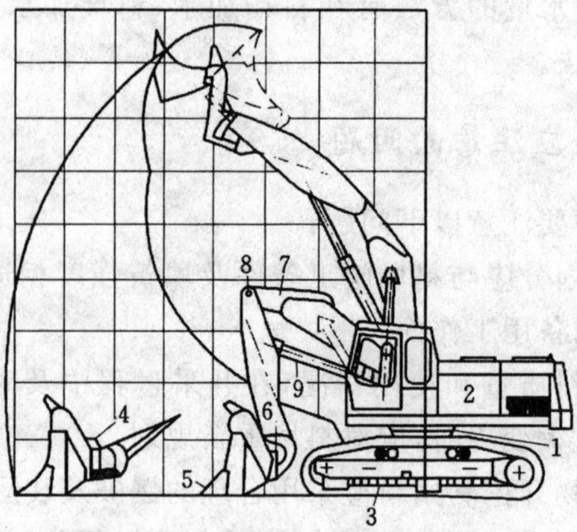

图 3-2　液压正向铲挖掘机

1—底座齿轮；2—发动机；3—履带行驶机构；4—挖斗；5—斗齿；6—斗柄；7—动臂；8—铰；9—斗柄液压缸

而土斗向内、向下挖掘的反向铲，适合挖掘停机地面以下，如图 3-3 所示。

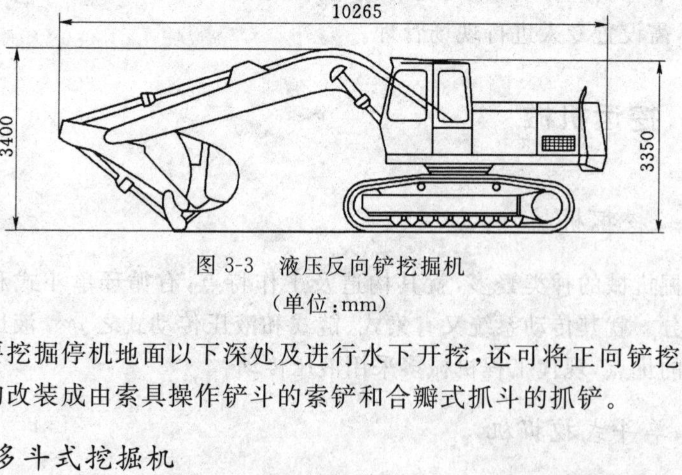

图 3-3　液压反向铲挖掘机

（单位：mm）

若要挖掘停机地面以下深处及进行水下开挖，还可将正向铲挖掘机的工作机构改装成由索具操作铲斗的索铲和合瓣式抓斗的抓铲。

2. 多斗式挖掘机

斗轮式挖掘机是陆上使用较普遍的一种多斗连续式挖掘机，如图 3-4 所示。它的生产率很高。美国在建造圣路易土坝时，仅用了一台斗轮式挖掘机承担了该工程 66％的采料任务，其小时生产率达 $2300m^3/h$。该机装有多个挖斗，开挖料先卸入输送皮带，再卸入卸料皮带导向卸料口装车。

（二）挖运组合机械

能同时担负开挖、运输、卸土、铺土任务的有推土机和铲运机。

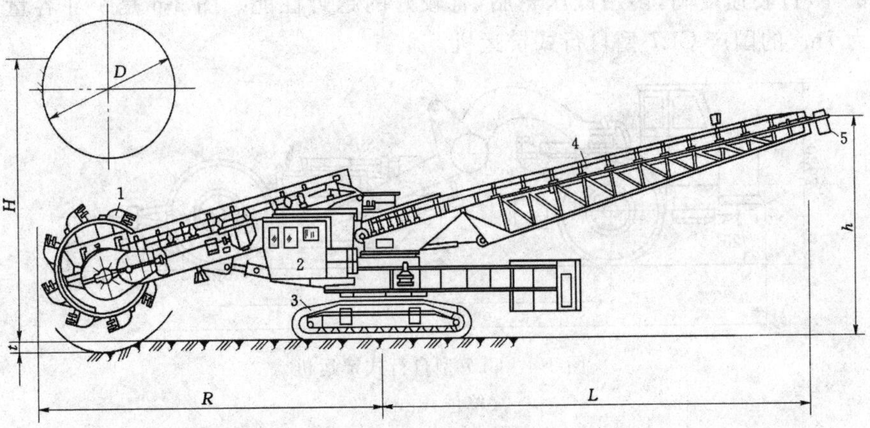

图 3-4　斗轮式挖掘机

1—斗轮；2—机房；3—履带行驶机构；4—臂式带式运输机；5—卸料装置

1. 推土机

以拖拉机为原动机械，另加切土片的推土器，既可薄层切土又能短距离推运。图 3-5 为国产移山-120 型推土机的外形。

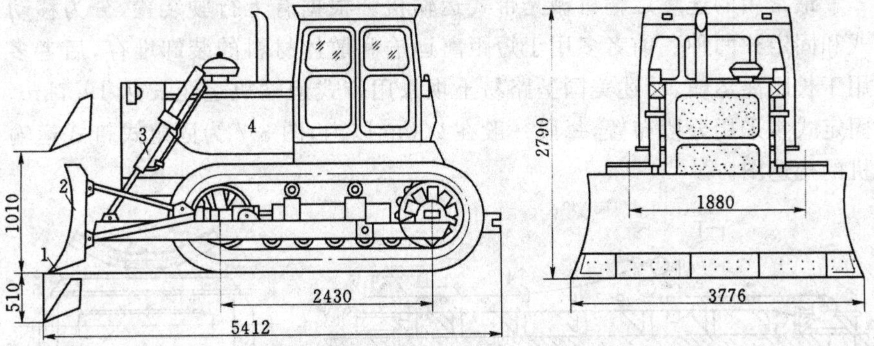

图 3-5　国产移山-120（马力）型推土机

（单位：mm）

1—刀片；2—推土器；3—切土液压装置；4—拖拉机

为了减少推土过程中土料的散失，可在推土器两侧加挡板，或先推成槽，然后在槽中推土，或多台并列推土。

2. 铲运机

按行驶方式，铲运机分为牵引式和自行式。前者用拖拉机牵引铲斗，后者自身有行驻动力装置。目前多用自行式，因其结构简便，可带较大的铲斗,行驶速度高,多用低压轮胎,有较好的越野性能。图 3-6 是铲斗容量为 7m³ 的国产 CL7 型自行式铲运机。

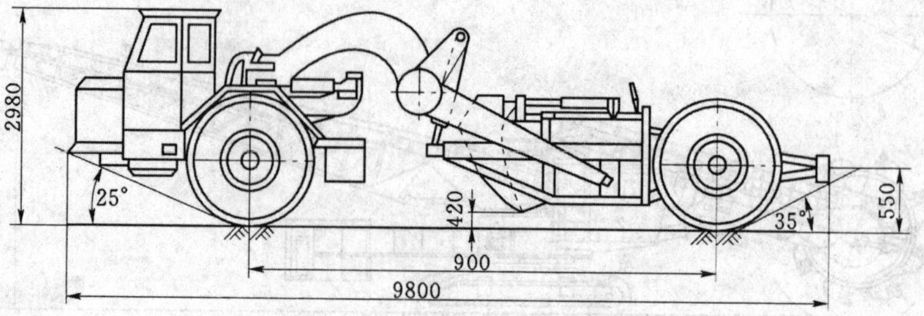

图 3-6　CL7 型自行式铲运机

(单位:mm)

国产铲运机的铲斗容量一般为 6～7m³。国外大容量铲运机多用底卸式,其斗容量高达 56m³(CAT 657G 煤矿铲运机)。铲运机的经济运距与铲斗容量有关,一般在几百米至几千米以内。大容量的铲运机要求牵引力大,运行的灵活性降低。

(三)运输机械

最常用的连续运输机械是带式运输机。根据有无行驶装置,分为移动式和固定式两种。前者多用于短距离运输和散体材料的装卸堆存,后者多用于长距离运输,前述美国圣路易土坝采用带式运输机运距长达 19.7km。固定式常采用分段布置,每段一般在 200m 以内,图 3-7 为固定式带式运输机的构造图。

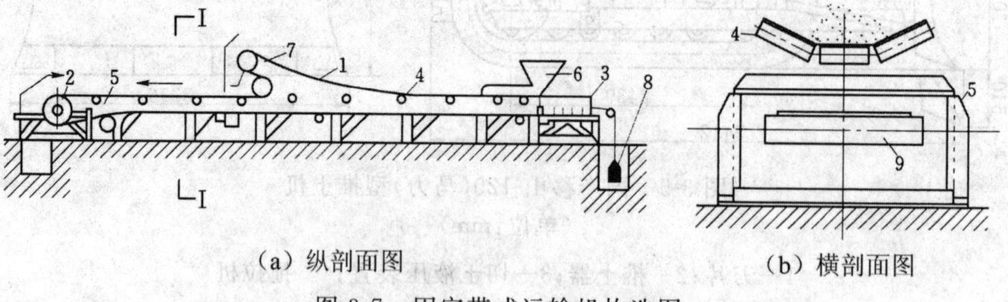

(a) 纵剖面图　　(b) 横剖面图

图 3-7　固定带式运输机构造图

1—皮带;2—驱动鼓轮;3—张紧鼓轮;4—上托辊;5—机架;
6—喂料器;7—卸料小车;8—张紧重锤;9—下托辊

带式输送机的爬坡能力强,道路或隧洞修筑比较简易,综合运输费用较低,也能达到较高的运输能力。主要针对坝址两岸地形陡峻或运输距离较长,汽车运输道路布置困难,运输道路工程量大,造价高、运费高、工期长的情况。

水力冲填可以认为是一种利用水力的土料开挖与运输方法。利用高压水柱冲击土体，使之液化、崩解形成泥浆；通过泥浆泵、输送管送到冲填区；泥浆沉淀、脱水、固结后形成地面，其控制要素是如何加速泥浆固结。

第三节　坝体填筑与压实

坝体填筑应在坝基、岸坡及隐蔽工程验收合格后进行，根据施工方法、施工条件及土石料性质的不同，坝面施工程序包括铺料、整平、洒水、压实(对于黏性土料采用平碾，压实后尚需刨毛以保证层间结合的质量)、质检等工序。

一、坝体填筑

(一)基本要求

(1)应保证防渗体和反滤层的有效厚度；同一填筑区域内建基面不平时，防渗体应从低处开始填筑。不影响行洪的坝体部位可先行填筑，横向接坡坡度应符合设计要求。斜墙和心墙内不应留有纵向接缝，严禁在反滤层内设置纵缝。

(2)应逐层控制填料质量、铺料厚度、洒水量、碾压遍数等施工参数，经取样检查合格后，进行下层填筑；大型土石坝工程宜根据工程规模、施工工期、运行管理等综合因素确定采用实时质量监控系统对填筑全过程进行控制与管理。

(3)应由专职人员实施土石坝施工期安全监测，应随坝体填筑及时进行坝面位移观测标点、基点等的埋设、安装和观测。土石坝施工期坝体监测应与大坝永久性观测结合，及时做好资料分析、整编，定期提出报告。

(二)填筑料施工

防渗体按照结构形式分为心墙(斜心墙)、斜墙两类，其填筑材料主要有黏性土、砾质土、风化料以及掺合料。

1. 防渗体坝面填筑

防渗体坝面施工程序包括铺土、平土、洒水、压实、接缝处理、刨毛(用平碾压实时)、质检等工序。为减少坝面施工干扰，宜采用流水作业施工。对同一工段而言，各专业队按工序依次连续施工；对各专业施工队而言，依次不停地在各工段完成固定的专业工作。此种流水作业可提高工人技术熟练程度和工作效率。

如图 3-8 所示，将某坝面划分成填土、平土、压实三道工序进行施工，在同一时间内，每一工段完成一道工序，依次进行流水作业。

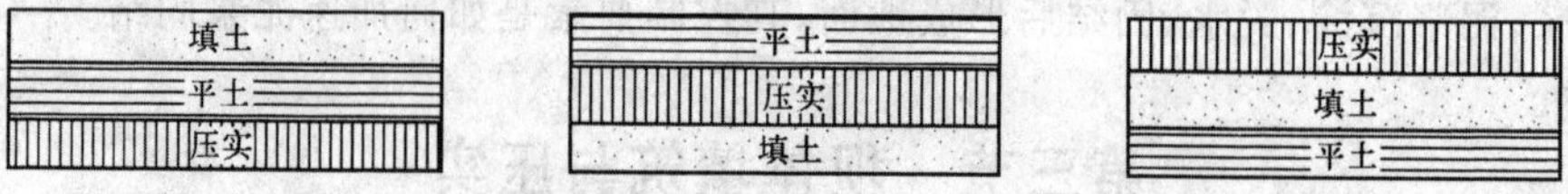

图 3-8　坝面流水作业示意图

应尽量安排在人、地、机三不闲的情况下正常施工，必要时可合并某些工序，如将图 3-8 中的三道工序，合并为填土平土、压实、质检刨毛三道工序。注意坝面施工统一管理，使填筑面层次分明、作业面平整和均衡上升。

在填筑时，应该注意：

(1)填筑一般力求各种坝料填筑全断面平起施工，跨缝碾压，均衡上升。心墙应同上下游反滤料及部分坝壳料平起填筑，宜采用先填反滤料后填土料的平起填筑法施工，结合部的压实如图 3-9 所示。

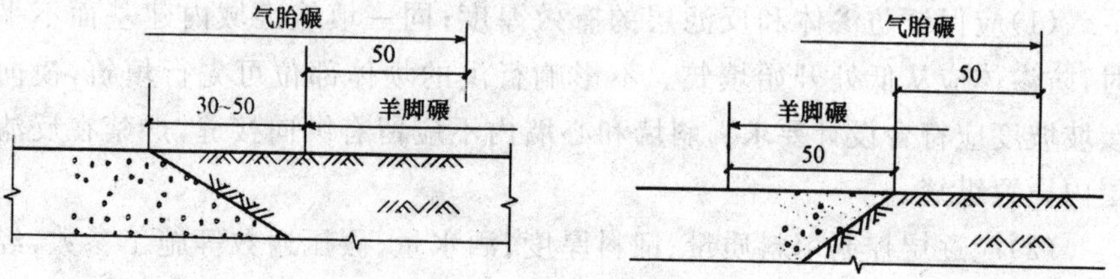

(a) 土砂法　　(b) 砂土法

图 3-9　土砂线结合带压实示意图

(2)当斜墙滞后于坝壳料填筑时，需要预留斜墙、反滤料和部分坝壳料的施工场地。

(3)由于防渗体填筑施工场地比较狭小，工序比较复杂，应统一管理，宜采用分段流水作业施工。

(4)由于对防渗体填料的含水量有严格的要求，在冬期和暑期施工时，应该防止热量和水分的散失，应尽量缩短作业循环时间。

(5)工作面的尺寸应该满足施工机械的正常作业要求，宽度一般应该大于碾压机械能错车压实的最小宽度，或者卸料汽车最小转弯半径的 2 倍，长度主要考虑压实机械的要求，一般为 40～80m。

2. 土料铺填

铺料分为卸料和平料两道工序，选择铺料方法主要考虑以下两点：一是坝面平整、铺料层厚度均匀，不得超厚；二是对已经压实过的土料不得过压，防止产生剪力破坏。防渗土料的铺筑应沿坝轴线方向进行，采用自卸汽车卸料，采用推土机平料，必要时可以用平地机整平，以便于控制铺土厚度和坝面平整。在土料与岸坡、反滤料等交接处，应辅以人工平整，保证连接处达到要求。铺料方法有以下几种：

(1)进占法铺料。防渗体土料应采用这种方法，汽车在已经平好的松土层上行驶、卸料，不应在已压实土料面上行使。这种方法不会对防渗土料形成过压，还不影响洒水、刨毛作业，如图 3-10 所示。

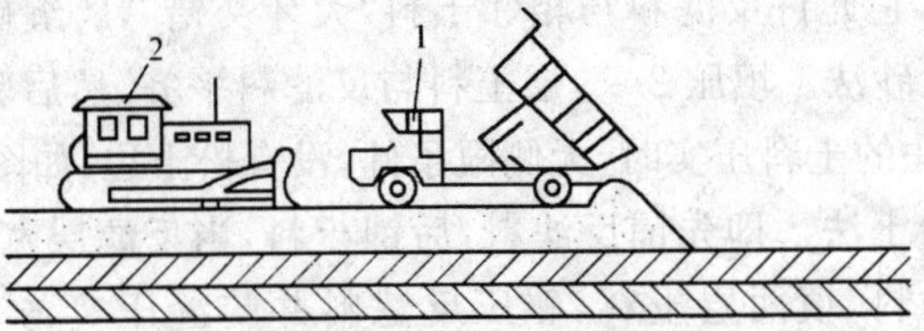

图 3-10　进占法铺料

1—自卸汽车；2—推土机

坝壳料填筑时，宜采用进占法卸料，推土机及时平料，铺料厚度符合设计要求，其误差不宜超过层厚的 10%。填筑面上不应有超径块石，不得出现块石集中、架空等现象。坝壳料与岸坡及刚性建筑物结合部位，宜回填一条过渡料。

(2)后退法铺料。汽车在已压实土料面上行驶、卸料，这种方法卸料方便，但容易对已经压实的土料形成过压，适用于砂砾石、软岩和风化料以及掺合土，层厚宜小于 1m，如图 3-11 所示。

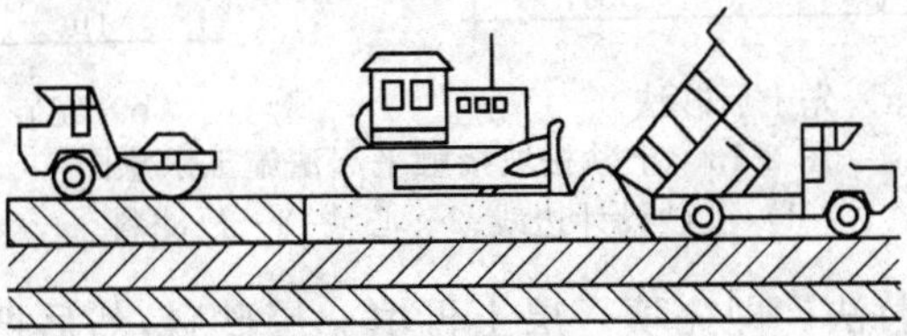

图 3-11　后退法铺料

(3)综合法铺料。综合了前两种方法的优点，用于铺料层大(1～2m)的堆石料，可减少分离，减少推土机平整工作量，如图 3-12 所示。

图 3-12　综合法铺料

3．反滤层施工

土工建筑物的渗透破坏，常始于渗流出口，在渗流出口设置反滤层，是提高土的抗渗比降、防止渗透破坏、促进防渗体裂缝自愈、消除工程隐患的重要措施。

反滤层的施工方法大体可以分为三种，即削坡法、挡板法以及土砂松坡接触平起法。由于施工机械和施工工艺的不断改进，目前施工中主要采用土砂松坡接触平起法。该方法一般分为先土后砂法、先砂后土法、土砂交替法等几种，它允许反滤料与相邻土料“犬牙交错”，跨缝碾压。

（1）先土后砂法。填压2～3层土料与反滤料平齐，然后骑缝压实土砂线路结合带。此法的土料压实时，无侧限条件，没有松土边，如图3-13(a)所示。

（2）先砂后土法。即先铺反滤料，后铺土料，当反滤层宽度较小（<3m）时，铺一层反滤料，填两层土料，碾压反滤料并骑缝压实与土料的结合带。对于高坝，反滤层宽度较大，机械铺设方便，反滤料铺层厚度与土料相同，平起铺料和压实。由于该方法土料填筑有侧限，施工方便，工程多采用，如图3-13(b)所示。

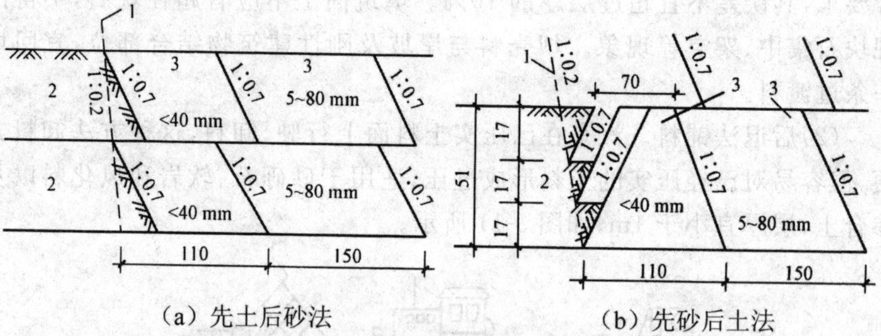

（a）先土后砂法　　（b）先砂后土法

图3-13　土砂松坡接触平起法施工示意图

1—土砂设计边线；2—心墙；3—反滤料

（3）土砂交替法。即先填一层土再填一层砂料，然后两层土一层砂交替上升，填筑次序如图3-14所示。

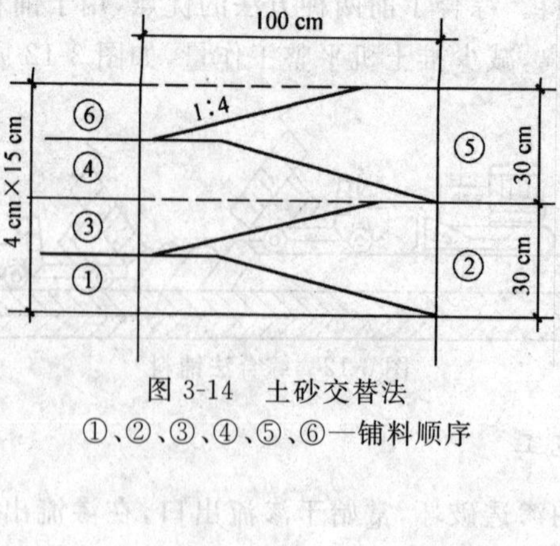

图3-14　土砂交替法

①、②、③、④、⑤、⑥—铺料顺序

二、坝体压实

1. 进退错距法

进退错距法操作简便，碾压、铺土和质检等工序协调，便于分段流水作业，压实质量容易保证，其开行方式如图 3-15(a)所示。

2. 圈转套压法

圈转套压法要求开行的工作面较大，适合于多碾滚组合碾压。当转弯半径小时，容易引起土层扭曲，产生剪力破坏，在转弯的四角容易漏压，质量难以保证，其开行方式如图 3-15(b)所示。

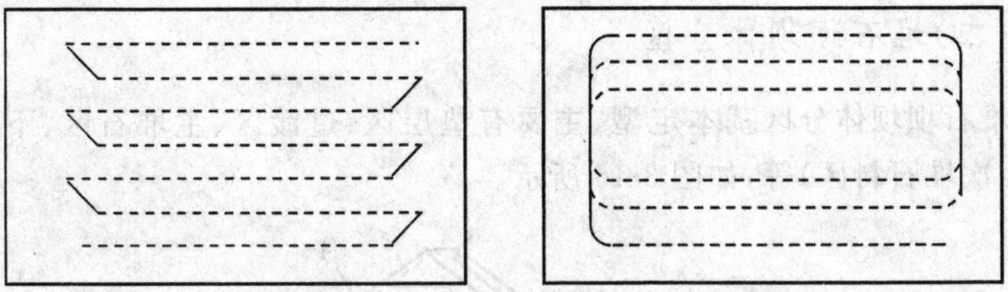

(a) 进退错距法　　(b) 圈转套压法

图 3-15　碾压机械开行方式

第四节　面板堆石坝施工

混凝土面板堆石坝是以堆石体为支承结构，在其上游表面浇筑混凝土面板作为防渗结构的堆石坝，简称面板堆石坝或面板坝。

一、材料分区

面板堆石坝上游面有薄层防渗面板，面板可以是刚性钢筋混凝土的，也可以是柔性沥青混凝土的。坝体主要是堆石结构。良好的堆石材料，尽量减少堆石体的变形，为面板正常工作创造条件，是坝体安全运行的基础。

(一)堆石材料的质量要求

根据施工组织设计，查明各料场的储量和质量，如果利用施工中挖方石料时，要按料场要求增做试验。1级、2级高坝坝料室内试验项目应包括坝料的颗粒级配、相对密度、抗剪强度和压缩模量，垫层料、砂砾料、软岩料的渗透和渗透变形试验。100m以上的坝，应测定坝料的应力应变参数。

垫层料要求有良好的级配，最大粒径为80～100mm，小于5mm的颗粒含量为30%～50%，小于0.075mm的颗粒含量不宜超过8%，中低坝可适当降低要求。

过渡料要求级配连续、最大粒径不宜超过300mm。可用人工细石料、经筛分加工的天然砂砾料等，压实后的过渡料要压缩性小、抗剪强度高、排水性好。

主堆石料可用坝基开挖料或料场开采石料，要求级配良好，最大粒径不应超过压实层厚度，小于5mm的含量不宜超过20%，小于0.75mm的颗粒含量不宜超过5%。在开采前应作专门的爆破试验。

（二）堆石坝坝体分区

堆石坝坝体分区基本定型，主要有垫层区、过渡区、主堆石区、下游堆石区（次堆石料区）等，如图3-16所示。

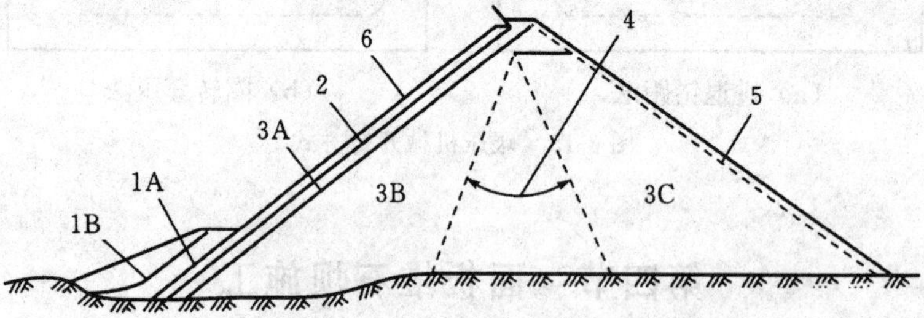

图3-16　堆石坝坝体分区

1A—上游铺盖区；1B—压重区；2—垫层区；3A—过渡区；3B—主堆石区；3C—下游堆石区；4—主堆石区和下游堆石区的可变界限；5—下游护坡；6—混凝土面板

1. 垫层区

垫层区的主要作用是为面板提供平整、密实的基础，将面板承受的水压力均匀传递给主堆石体，并起辅助渗流控制作用。

2. 过渡区

过渡区位于垫层区和主堆石区之间，主要作用是保护垫层区在高水头作用下不产生破坏。

3. 主堆石区

主堆石区位于坝体上游区内，是承受水荷载的主要支撑体，其石质好坏、密度、沉降量大小，直接影响面板的安危。

4. 下游堆石区

下游堆石区位于坝体下游区，主要作用是保护主堆石体及下游边坡的稳定。

二、面板的施工方法

(一)钢筋混凝土面板施工

钢筋混凝土面板是刚性面板堆石坝的主要防渗结构，厚度薄、面积大，在满足抗渗性和耐久性条件下，要求具有一定的柔性，以适应堆石体的变形。

面板浇筑一般在堆石坝体填筑完成或至某一高度后，气温适当的季节内集中进行。由于汛期限制，工期往往很紧。面板由起始板及主面板组成。起始板可以采用固定模板或翻转模板浇筑，也可用滑模浇筑。当起始板不采用滑模浇筑时，应尽量在坝体填筑时创造条件提前浇筑。中等高度以下的坝，面板混凝土不宜设置水平缝，高坝和要求施工期蓄水的坝，面板可以设 1～2 条水平工作缝，分期浇筑。垂直缝分缝宽度应据滑模结构，以易于操作、便于仓面组织等原则确定，一般为 12～16m。

钢筋混凝土面板一般采用滑模法施工，滑模分有轨滑模和无轨滑模两种。无轨滑模是近几年来在面板坝施工实践中提出来的，它克服了有轨滑模的缺点，减轻了滑动模板自身重量，提高了工效，节约了投资，在国内广泛使用。滑模上升速度一般为 1.0～2.5m/h，最高可达 6m/h。

混凝土场外运输主要采用混凝土搅拌运输车、自卸汽车等。坝面输送主要采用溜槽和混凝土泵。

(二)沥青混凝土面板施工

沥青混凝土由于抗渗性好，适应变形能力强，工程量小，施工速度快，正在广泛用于土石坝的防渗体。

1. 沥青混凝土原材料

沥青是主要材料，品种和强度等级应根据设计要求而定，一般选用道路石油沥青60甲和100甲。粗骨料宜选碎石，最大粒径小于铺筑层厚度的1/3，且不大于25mm，分成2～3级配料，细骨料可选河砂、山砂、人工砂。骨料要求干净、稳定性好。按满足5d以上施工需要量储存。填料种类有石棉、消石灰、水泥、橡胶、塑料等，其掺量由试验确定。

2. 沥青混凝土施工工艺

施工中对温度要严加控制，其标准根据材料性质、施工地区和施工季节，由试验确定。在日平均气温高于5℃和日降雨量小于5mm时方可施工，日气温虽然在5℃～15℃，风速大于4级，也不能施工。

第五节　土工膜防渗体施工

土工膜是指在岩土工程中主要用做防渗和隔离的一种不透水高聚物薄膜。复合土工膜是指由土工膜和土工织物复合在一起的产品，诸如两层、三层、五层等。

我国自20世纪80年代以来，相继在许多坝体中使用土工膜作为防渗体，取得较好的效果，并于20世纪90年代开始用于50m高的坝体中。

一、土工膜防渗斜墙施工

(一)斜墙土工膜施工技术要求

(1)土工膜应尽量用宽幅，减少拼接量。

(2)土工膜铺设前，基础垫层要碾压密实、平整，不得有突出尖角块石露出。做好排渗设施，挖好固定沟。

(3)防渗土工膜顶部应埋入坝顶锚固沟内。其底部必须嵌入坝底。如为透水地基土工膜与上游防渗铺盖或截水槽、岸坡和一切其他防渗体紧密连接，构成完全封闭体系。

(4)土工膜坡面铺设时，将土工膜卷材装在卷扬机上，自坡顶徐徐展开放至坡底，人工拖拉平顺，松紧适度，使布膜同时受力。

(5)上垫层的上料铺填、夯实一般用人工，避免用机械运输及碾压；保护层常采用推土机自上而下填筑，一次达到设计厚度并压实。

（二）斜墙土工膜铺设方法

以“两布一膜”铺设为例，其顺序为：铺设→对正→搭齐→缝底层布→擦拭主膜尘土。主膜焊接或黏结→检测→修补→缝上层布→验收。

(1)铺膜。斜墙土工膜自上而下铺设，底部将脱布后的主膜与趾板中所夹的高强塑料布焊接，铺设时注意张弛适度，避免人为损伤。为防止土工膜拉裂，铺设时每增高 5m 打一个“Z”形折。

(2)焊膜。焊接前清除膜面砂子、泥土等脏物，膜与膜接头处铺设平整后用自动爬行热合焊机施焊。焊接施工时需 3～4 人配合，1 人持机，1 人清理待焊面，1 人持电源并观察焊缝质量，对有问题的做出记号，1 人在后面修补。一般焊膜温度调到 250℃～300℃，速度 1～2m/min。

土工膜若为黏结，按黏结的施工技术要求进行。

(3)接缝检查。用目测法和现场检漏法进行质量检测。

(4)缝布。布的缝合采用手提封包机，用高强纤维涤纶丝线，缝合施工需 3 人。缝合时针距在 6mm 左右，连接面要求松紧适度，自然平顺，确保膜布联合受力。

二、土工膜防渗心墙施工

（一）土工膜心墙结构

心墙式土工膜置于坝体中部，下接地基防渗设施，上与防浪墙连接，两侧与岸坡连接，在膜两侧各设一定厚度的细砂过渡保护层，随坝体填筑上升铺设连接，土工膜心墙堆石坝结构布置形式如图 3-17 所示。

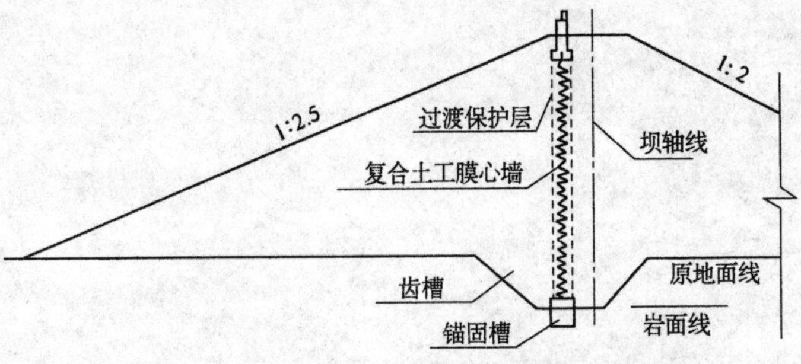

图 3-17　复合土工膜心墙堆石坝结构布置形式

（二）心墙土工膜施工技术要求

（1）心墙土工膜宜采用“之”字形布置，褶皱角度根据过渡料边坡稳定休止角确定。

（2）土工膜防渗心墙两侧回填的过渡保护料的粒径、级配、密实度及与土工膜接触面上孔隙尺寸应符合设计要求。

（3）土工膜铺设前，过渡保护层料的边坡应人工配合机械修整，并用平板振动器振平，不得有尖角块石与其接触。

（4）土工膜铺设过程中，应注意防止块石和施工机械损坏土工膜，特别是自卸汽车穿越土工膜心墙时，通过铺设钢板等措施对土工膜加以保护。

（5）加强施工过程的检验，防止搭接宽度不够、脱空、收缩起皱、扭曲鼓包，如发现土工膜损坏、穿孔、撕裂等，必须及时补修。

（三）心墙土工膜铺设方法

（1）土工膜沿竖直方向“之”字形布置，褶皱高度为50～75cm，与坝体分层碾压厚度1.0～1.5m相适应。

（2）为防止膜料被拉裂，土工膜与刚体连接处要设置褶皱伸缩节，伸缩节展开长度约1m。

（3）心墙复合土工膜铺设中的搭接、检测要求与斜墙土工膜相同。

第四章　混凝土工程坝施工技术

水泥混凝土是土木工程最重要的建筑材料，其广泛应用于交通、工民建、水利、化工、原子能和军事等工程。在水利水电工程中混凝土的用量尤为巨大，使用范围几乎涉及所有水工建筑物，如大坝、水闸、水电站、抽水站、隧洞、港口、桥梁、堤防、护岸和渠系建筑物等。在混凝土坝（闸）枢纽工程中，用于混凝土工程施工的各种费用占工程总投资比例较大，约为60％～70％，明显影响工程投资规模。

第一节　骨料料场规划与生产

砂石骨料是混凝土最基本的组成材料，水工混凝土工程对砂石骨料的需求量相当大，其质量的优劣直接影响混凝土强度、水泥用量和温控的要求，从而影响工程的质量和造价。为此，要认真做好骨料料场规划，研究骨料的物理力学性能，控制好骨料的质量，把握好开采、运输、加工和堆存等各个环节。

一、骨料料场规划

骨料料场规划是骨料生产系统设计的基础，伴随设计阶段的深入，料场勘探精度的提高，要提出相应的最佳用料方案。料场规划应从骨料来源、混凝土浇筑手段、施工工期、施工机械设备及施工总体布置等方面进行全面技术经济分析和论证。制订的料场规划必须满足工程对混凝土骨料的数量、质量、级配及供应能力等基本要求。最佳料源方案取决于料场分布、开采条件、可用料的储存量、骨料质量、天然级配、加工条件、弃料量、运输方式、运输距离及生产成本等因素。

搞好砂石料场规划应遵循以下原则：

（1）满足水工混凝土对骨料的各项质量要求，其储存量应满足各设计级配的需要，且有必要的富裕量。

（2）选用的料场，应场地开阔、高程适宜、储量大、质量好、开采时间长。

(3)选择开采准备工作量小、施工简便、运距适宜的料场。

(4)选用可采率高、天然级配与设计级配较接近的料场。

(5)分期使用料源时,前后期料场应统筹安排。

(6)料场规划应与通用的开采设备和施工管理水平相适应。

(7)料场开采速度要和工程混凝土浇筑进度相协调,尽量减少骨料的储量,提高利用率。

(8)人工料场应制定工程完工后的植被恢复计划,以防止水土流失。

二、砂石骨料生产

(一)砂石料料源的分类

水利水电工程砂石料料源有天然砂砾石骨料、人工骨料与工程开挖利用料,部分规模小、部位分散、距离长(如堤防工程、调水工程)的工程也可结合当地商品砂石料生产情况直接采购成品骨料。一般情况下,各种料源均可生产粗细骨料,但根据料源骨料品质的不同,有的料源则只能用于生产粗骨料(或细骨料)。采用何种骨料,一般取决于对料源的物理、化学试验结果。

(二)骨料生产流程

1. 破碎

为了将开采的石料破碎到规定的粒径,往往需要经过几次破碎才能完成,因此,通常将骨料破碎过程分为粗碎(将原石料破碎到70～300mm)、中碎(破碎到20～70mm)和细碎(破碎到1～20mm)。

2. 筛分

筛分是将天然或人工的混合砂石料,按粒径大小进行分级。筛分作业分人工筛分和机械筛分两种。

(1)人工筛分。一般采用倾斜设置的平筛,也可采用重叠放置的几层筛网,利用摇杆机构使筛网摆动。图4-1所示为一种人工筛分装置。筛孔尺寸不同的三层筛网用悬杆和悬链挂在筛架上,筛网的倾角可用悬链调整。混合骨料由架顶带有筛条的装料斗倒入,超径石即剔出,其余骨料跌落在筛网上。用脚踏摇杆机构,可使筛网往返摆动,将骨料筛分。

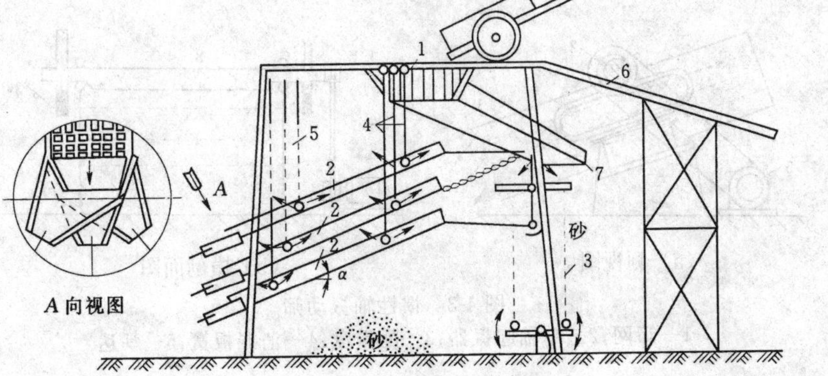

图 4-1 人工筛分装置

1—带筛条的装料斗；2—筛网；3—脚踏摇杆机构；4—悬杆；5—调节筛网的悬链；6—车道；7—超径石；α—筛网倾角

(2)机械筛分。偏心轴振动筛如图 4-2 所示，筛架装在偏心主轴上，当偏心轴旋转时，偏心轴带动筛架作环形运动而产生振动，对筛网上的石料进行筛分。偏心轴振动筛又称为偏心筛。偏心筛的特点是刚性振动，振幅固定(3～6mm)，不因来料多少而变化，也不易因来料过多而堵塞筛孔。

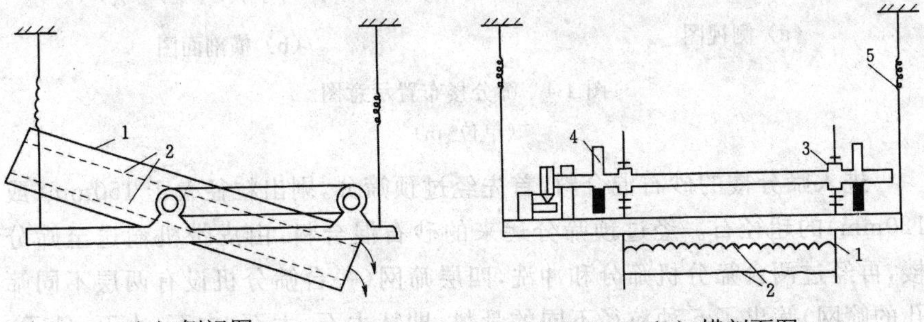

(a) 侧视图　　(b) 横剖面图

图 4-2 偏心轴振动筛

1—筛架；2—筛网；3—偏心部位；4—消振平衡重；5—消振弹簧

惯性轴振动筛如图 4-3 所示，是利用旋转主轴上的偏心轴产生惯性离心力而引起筛网振动的。惯性筛适于筛分中、细颗粒。惯性筛的皮带轮中心和偏心轴轴承中心一致，皮带轮随偏心轴一起振动，皮带时紧时松，容易打滑和损坏。

超、逊径含量是筛分作业质量的控制标准。超径是指骨料筛分中，筛下某一级骨料中夹带的大于该级骨料规定粒径范围上限的粒径；逊径是指骨料筛分中，筛下某一级骨料中夹带的小于该级骨料规定粒径范围下限的粒径。一般规定，以原孔筛检验时，超径小于 5%，逊径小于 10%；以超、逊径筛检验时，超径为零，逊径小于 2%。

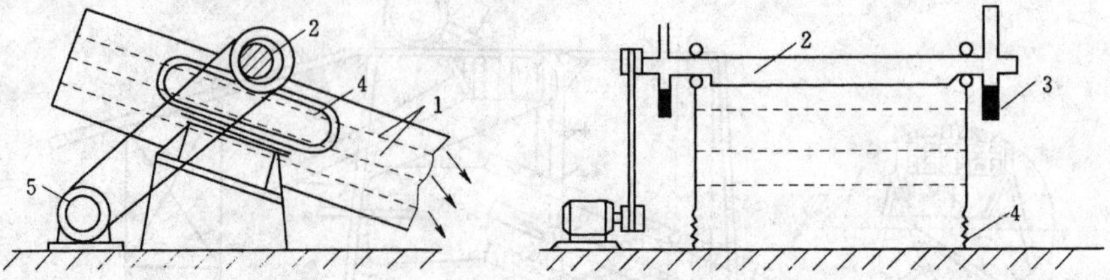

(a) 侧视图　　(b) 横剖面图

图 4-3　惯性轴振动筛

1—筛网；2—单轴起振器；3—配重盘：4—消振板簧；5—马达

大、中型工程常设置筛分楼，利用楼内安装的 2～4 套筛、洗机械，专门对骨料进行筛分和冲洗的联合作业，其设备布置和工艺流程如图 4-4 所示。

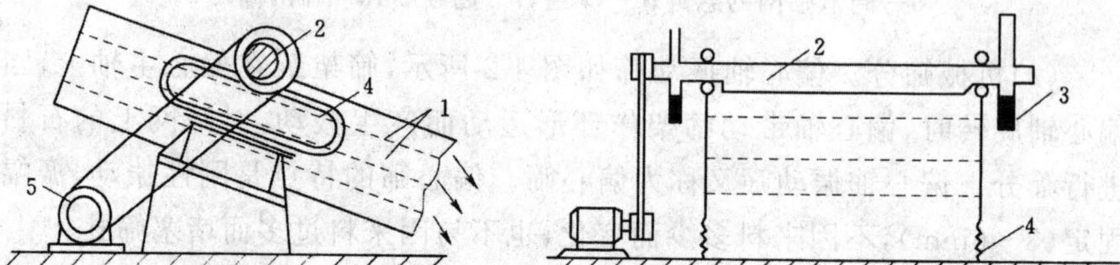

(a) 侧视图　　(b) 横剖面图

图 4-4　筛分楼布置示意图

（单位：m）

进入筛分楼的砂石混合料，首先经过预筛分，剔出粒径大于 150mm(或 120mm)的超径石。经过预筛分运来的砂石混合料，由皮带机输送至筛分楼，再经过两台筛分机筛分和冲洗，四层筛网(一台筛分机设有两层不同筛孔的筛网)筛出了 5 种粒径不同的骨料，即特大石、大石、中石、小石、砂子，其中特大石在最上一层筛网上不能过筛，首先被筛分出，砂子、淤泥和冲洗水则通过最下一层筛网进入沉砂箱，砂子落入洗砂机中，经淘洗后可得到清洁的砂。

经过筛分的各级骨料，分别由皮带机运送到净料堆储存，以供混凝土制备的需要。

3. 冲洗

冲洗是为了清除骨料中的泥质杂质。机械筛分的同时，常在筛网上安装几排带喷水孔的压力水管，不断对骨料进行冲洗，冲洗水压应大于 0.2MPa。

常用的洗砂设备有螺旋洗砂机和沉砂箱。其中，螺旋洗砂机兼有洗砂、分级、脱水的作用，其构造简单，工作可靠，应用较广。

螺旋洗砂机在半圆形的洗砂槽内装一个或一对相对旋转的螺旋。洗砂槽以18°～20°的倾斜角安放，低端进砂，高端进水。由于螺旋叶片的旋转，被洗的砂受到搅拌，并移向高端出料口，卸到皮带机上。污水则从低端的溢水口排出。如图4-5所示。

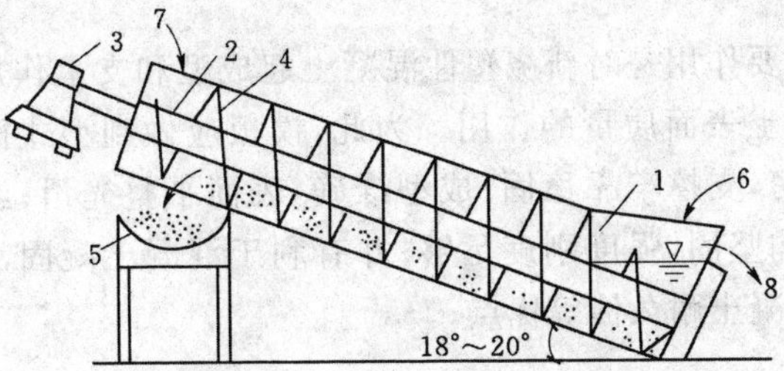

图4-5　螺旋洗砂机

1—洗砂槽；2—螺旋轴；3—电动机；4—叶片；
5—皮带机；6—进料；7—清水；8—混水

沉砂箱的工作原理是：由于不同粒径的砂粒在水中的沉降速度不同，控制沉砂箱中水的上溢速度，使0.15mm以下的废砂和泥土等随水悬浮溢出，而0.15mm以上的合格的砂在箱中沉降下来。如图4-6所示。

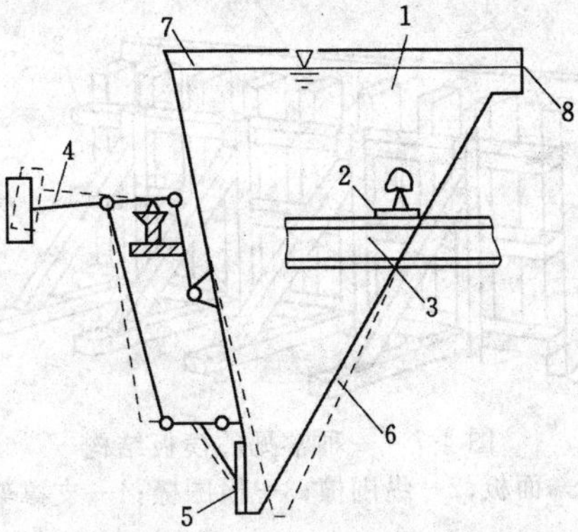

图4-6　沉砂箱

1—料箱；2—刀形支撑；3—支架；4—平衡杆；5—出料门；
6—出料位置；7—进料；8—溢水

第二节　模板和钢筋施工

合理组织模板和钢筋作业对保证施工安全和混凝土工程质量，加快施工进度，降低工程成本，都具有十分重要的意义。

一、模板作业

（一）模板的作用与基本要求

模板的主要作用是对新浇塑性混凝土起成型和支承作用，同时还起保护和改善混凝土表面质量的作用。为此，模板应做到型式简便，安装拆卸方便；拼装紧密，支撑牢靠稳固；成型准确，表面平整光滑；经济适用，周转使用率高；结构坚固，强度刚度足够；并有利于混凝土凝固，混凝土的冬季保温及提高混凝土耐久性等优点。

（二）模板的组成

通常情况模板由面板、加劲体和支撑体三部分组成（图 4-7）。有时，模板还附有行走部件。目前，国内常用的模板面板有标准木模板、定型组合钢模板、混合式大型整装模板和竹胶模板等。加劲体主要是指围檩。支撑体由支樘桁架或钢架和锚固件组成。

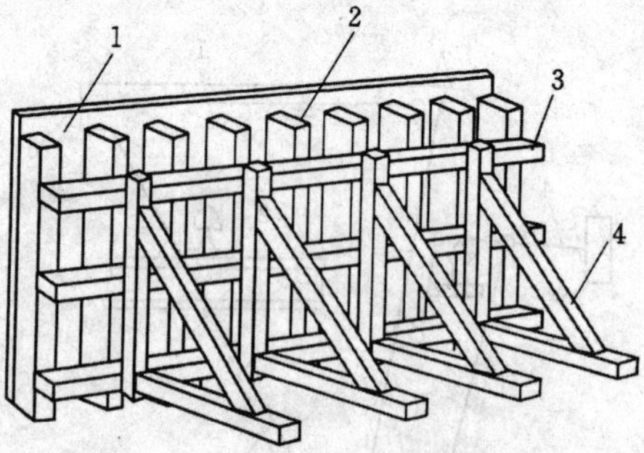

图 4-7　一种常见的模板结构

1—面板；2—纵围檩；3—横围檩；4—支撑架

（三）模板安装

模板安装的内容有内业和外业之分。内业是指配板设计，即根据图纸上建筑物形状与尺寸选定模板的类型及其数量，确定模板的连接与支撑方式，并制定模板安装和拆除的操作规程。外业包括模板的制作、运输、安装、拆除和维修等内容。

模板安装前，必须按设计图纸测量放样，测量的精度应高于模板安装的允许偏差，但模板安装偏差须在允许范围内。安装大跨度承重模板宜适当起拱，以使承载变形后的形状能符合设计要求。

立模方法因模板类型和安装部位而异。大型整装模板常采用专门的模板起重机吊装或利用浇筑混凝土的起重机吊装，其他模板则可利用50kV以下的汽车式起重机等小型起重设备吊装。模板安装作业，必须严格遵守起重安全技术规程，谨防事故发生。

总之，拆模期限应在混凝土强度试验后加以确定。拆下的模板、支架、联结件应及时清理和维修，并分类存放，以备再用。

二、钢筋作业

(一)钢筋的加工

钢筋的加工包括调直、除锈、配料与画线、切断、弯曲和焊接等工序。

1. 调直和除锈

盘条状的细钢筋，通过绞车冷拉调直后方可使用。呈直线状的粗钢筋，当发生弯曲时才需用弯筋机调直，直径在25mm以下的钢筋可在工作台上手工调直。

钢筋除锈的主要目的是为了保证其与混凝土间的握裹力。因此，在钢筋使用前需对钢筋表层的鱼鳞锈、油渍和漆皮加以清除。去锈的方法有多种，可借助钢丝刷或砂堆手工除锈，也可用风砂枪或电动去锈机机械除锈，还可用酸洗法化学除锈。

2. 配料与画线

钢筋配料是指施工单位根据钢筋结构图计算出各钢筋的直线下料长度、总根数以及钢筋总重量，据此编制出钢筋配料单，作为备料加工的依据。从降低钢筋损耗率考虑，钢筋配料要按照长料长用、短料短用和余料利用的原则下料。画线是指按配料单上标明的下料长度用粉笔或石笔在钢筋应剪切的部位进行勾画的工序。

3. 切断与弯曲

钢筋切断有手工切断、切断机切断和氧炔焰切割等方法。手工切断采用钢筋钳，一般只能用于直径不超过12mm的钢筋，12～40mm直径的钢筋一般都采用切断机切断，而直径大于40mm的圆钢则采用氧炔焰切割或用型材切割机切割。

钢筋的弯制包括划线、试弯、弯曲成型三道工序。钢筋弯制分手工弯制和机械弯制两种，但手工弯制只能弯制直径小于 20mm 的钢筋。近来，除了直径不大的箍筋外，一般钢筋都采用机械弯制，如图 4-8 所示。

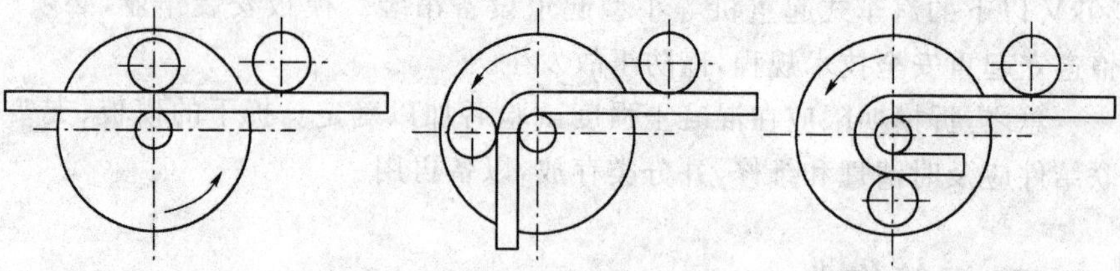

（a）初始状态　（b）弯曲90°　（c）弯曲180°

图 4-8　钢筋的机械弯曲

4. 焊接

在水利工程中，钢筋焊接通常采用闪光对焊、电弧焊、电阻点焊、电渣压力焊和埋弧压力焊等方法。

(1)闪光对焊。闪光对焊是利用对焊机将两段钢筋对头接触，且通低压强电流，待钢筋端部加热变软后，轴向加压顶锻形成对焊接头。因钢筋在加热过程中会产生闪光故称为闪光对焊。

(2)电弧焊。交流或直流弧焊机能使焊条与焊件在接触时产生高温电弧而熔化，待其冷却凝固以形成焊缝或接头，这种焊接工艺称为电弧焊。

(3)电阻点焊。电阻点焊是利用电流通过焊件产生的电阻热作为热源，并施加一定的压力，使交叉连接的钢筋接触处形成一个牢固的焊点，将钢筋焊合起来。用于交叉钢筋焊接的电阻点焊，在工程中可代替绑扎焊接钢筋骨架和钢筋网。

(4)电渣压力焊。钢筋电渣压力焊是将两根钢筋安放成竖向对接形式，利用焊接电流通过两钢筋端面间隙，在焊剂层下形成电弧和电渣过程，产生电弧热和电阻热，熔化钢筋，再施加压力使钢筋焊牢的一种焊接方法。

(5)埋弧压力焊。埋弧压力焊是利用焊接电流通过时在焊接层下产生的高温电弧，形成熔池，经加压顶锻完成的一种压焊方法。具有生产效率高、质量好等优点，适用于各种预埋件、T 形接头、钢筋与钢板的焊接。

（二）钢筋的安装

根据建筑物结构尺寸，加工、运输、起重设备的能力等，钢筋的安装可采用散装和整装两种方式。散装是将加工成型的单根钢筋运到工作面，按设计图纸绑扎或电焊成型。整装则是将地面上加工好的钢筋网片或钢筋骨架吊运至工作面安装。散装对运输要求相对较低，不受设备条件限制，但工效低，高空作业安全性差，且质量难保证，故一般中小型工程使用较多。而整装不仅有利于提高安装质量，而且有利于节约材料、提高工效、加快进度、降低成本，大中型工程多采用此种方式。

钢筋安装时应注意间距、保护层厚度及各个部位的型号、规格均应符合设计要求，同时还应特别注意不要让脱模剂或机油、泥土污染钢筋表面。钢筋安装的允许偏差，应符合有关规范的规定。

第三节 混凝土的制备

混凝土制备是按照混凝土配合比设计要求，将其各组成材料（砂石、水泥、水、外加剂及掺和料等）拌和成均匀的混凝土料，以满足浇筑的需要。

混凝土制备的过程包括储料、供料、配料和拌和。其中，配料和拌和是主要生产环节，也是质量控制的关键，要求品种无误、配料准确、拌和充分。

一、混凝土配料

混凝土配料是按设计要求，称量每次拌和混凝土的材料用量。配料有体积配料法和重量配料法两种。因体积配料法难以满足配料精度的要求，所以水利工程广泛采用重量配料法，即混凝土组成材料的配料量均以质量计。配料精度的要求是：水泥、掺和料、水、外加剂溶液为±1%，砂石料为±2%。

二、水泥的储存

考虑到质量和经济等因素，水利工程上普遍采用散装水泥拌制混凝土。散装水泥一般采用罐储量为50～1500t的圆形罐储存，其装卸与转运工作主要由风动泵或螺旋输送器运输完成。袋装水泥多用于水泥用量不大的零星工程，一般储存于满足防潮要求的水泥仓库之中，但需按品种、强度等级和出厂日期分区堆放，以防错用。

三、混凝土拌和

（一）拌和方法

混凝土拌和的方法，有人工拌和与机械拌和两种。由于人工拌和劳动强度大、混凝土质量不易保证，生产效率低，很少使用。本节重点介绍机械拌和。

1. 混凝土搅拌机

按工艺条件不同，混凝土搅拌机可分连续式和循环式两种基本类型。在连续式搅拌系统中，原材料的称配、搅拌与出料整个过程是连续进行的。而循环式搅拌机则需要将原材料的称配、搅拌与出料等工序依次完成。目前，国内采用的循环式搅拌机主要是自落式和强制式两类搅拌机。其中，自落式搅拌机又有双锥式（图 4-9）和鼓筒式（图 4-10）之分，自落式搅拌机多用于拌制常规混凝土；强制式搅拌机多用于拌制干硬性或高性能混凝土。

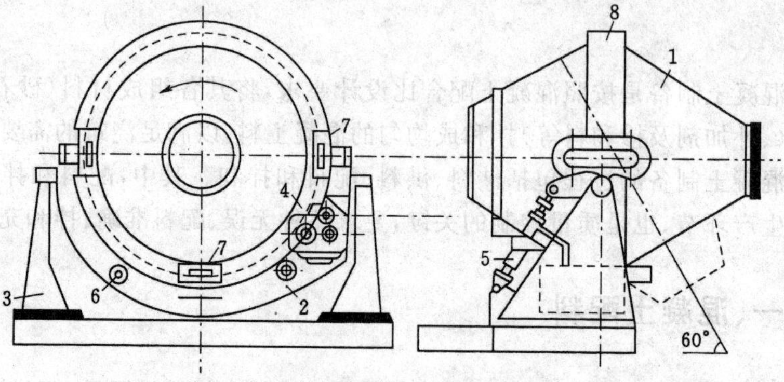

图 4-9　双锥式搅拌机

1—拌和鼓筒；2—曲梁；3—机架；4—电动机和减速装置；5—气缸；6—支承滚轮；7—夹持滚轮；8—齿环及轮箍

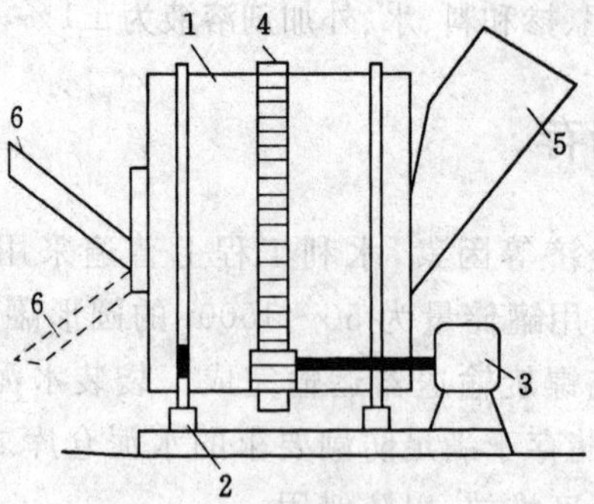

图 4-10　鼓筒式搅拌机

1—鼓筒；2—托辊；3—电动机；4—齿环；5—进料斗；6—出料槽

2. 混凝土拌和楼

在水利水电工程混凝土生产系统设计中，应根据混凝土生产要求选择类型适宜、能力匹配的拌和楼。一个混凝土生产系统拌和楼不宜超过 3

座，也不宜超过两种楼型。

拌和楼根据结构布置型式可分为直立式、二阶式、移动式等3种，根据搅拌机配置可分为自落式、强制式及涡流式拌和楼。

(1)直立式拌和楼。直立式混凝土拌和楼是将骨料、胶凝材料、料仓、称量、拌和、混凝土出料等各工艺环节由上而下垂直布置在一座楼内，物料只提升一次，这种楼型在国内外广泛采用，用于混凝土工程量大、使用周期长、施工场地狭小的水利水电工程。

(2)二阶式拌和楼。二阶式混凝土拌和楼是将直立式拌和楼分成两大部分：一部分是骨料进料、料仓及称量；另一部分是胶凝材料、拌和、混凝土出料和控制等。两部分中间一般用胶带，配好的骨料送入搅拌机，骨料分两次提升，两个部分一般布置在同一个高程上，也可根据地形高差布置在两个高程。这种结构和布置形式的拌和楼安装拆迁方便、机动灵活、时间短。小浪底工程混凝土生产系统 $4\times3m^3$ 拌和楼就采用这种结构型式。

(3)移动式拌和楼。移动式混凝土拌和楼一般用于小型水利水电工程，混凝土骨料粒径在80mm以下。混凝土拌和船是建造在浮动船舶上的拌和站，主要用于石油、海湾港口码头、河防、桥梁工程等。

搅拌楼多由型钢搭建装配而成，具有占地面积小、运行可靠、生产率高以及便于管理的特点，如图4-11所示。

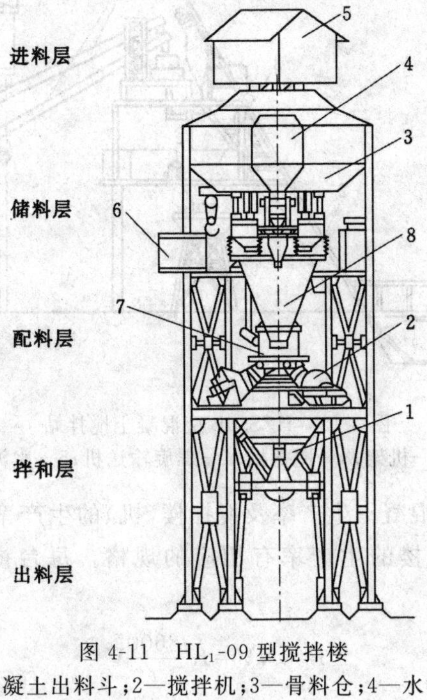

图4-11　HL_1-09型搅拌楼

1—混凝土出料斗；2—搅拌机；3—骨料仓；4—水泥仓；

5—皮带机房;6—称量控制室;7—回转给料斗;8—集中给料斗

3. 搅拌站

中小型水利工程、分散工程及零星工程一般采用由数台搅拌机联合组成的搅拌站拌制混凝土。现代混凝土搅拌站一般由双卧轴强制式搅拌机、配料机、水泥储罐、风压系统以及计算机控制系统组成,如图 4-12 所示。搅拌机的生产率为 50～150m^3/h。

(二)混凝土生产率的确定

施工阶段,混凝土系统需满足的小时生产能力一般根据施工组织设计安排的高峰月混凝土浇筑强度计算,即

$$P=\frac{Q_m}{mn}k_h \tag{4-1}$$

式中,P 为混凝土系统的生产率,m^3/h;Q_m 为高峰月混凝土浇筑强度,m^3/月;m 为高峰月有效工作天数,一般取 25d;n 为高峰月每日平均有效工作小时数,一般取 20h;k_h 为小时不均匀系数,一般取 1.5。

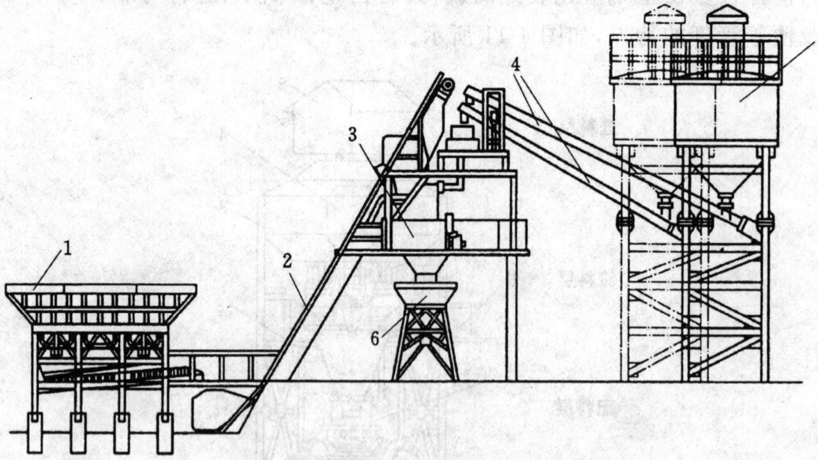

图 4-12　HZS50B 型混凝土搅拌站

1—骨料配料机;2—机架;3—搅拌机;4—螺旋输送机;5—水泥仓;6—成品料斗

根据已计算的混凝土生产率及搅拌楼(机)的生产率,最终确定搅拌楼(机)的数量。搅拌楼的生产率有相应的规格。每台搅拌机的小时生产率为

$$P=NV=K\frac{3600}{t}V \tag{4-2}$$

式中，P 为每台搅拌机的小时生产率，m^3/h；N 为每台拌和机每小时平均拌和次数；V 为搅拌机出料容量，m^3；K 为时间利用系数，0.8～0.9；t 为一个循环所需时间（进料、拌和、出料与技术间歇时间之和）。

第四节　常规混凝土坝施工

一、常规混凝土大坝分缝分块

混凝土坝的浇筑块一般是在永久性横缝已划分坝段的基础上，再用临时性纵缝以及水平缝划分而成。坝体分缝分块的型式有纵缝分块、斜缝分块、错缝分块和通仓浇筑等 4 种，如图 4-13 所示。

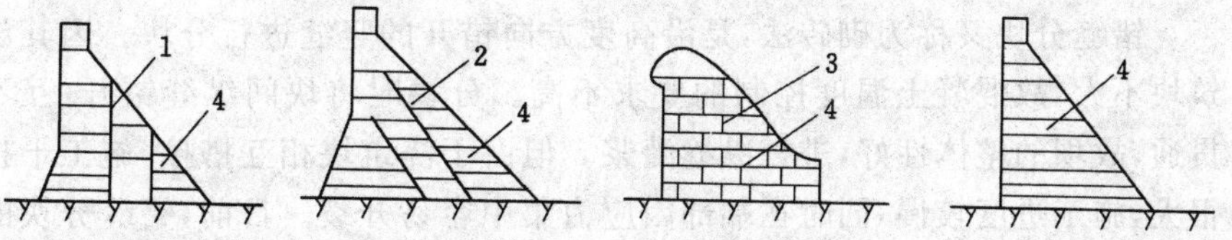

图 4-13　混凝土坝分缝分块型式
1—竖缝；2—斜缝；3—错缝；4—水平施工缝

(一)纵缝分块

所谓纵缝分块，是用垂直纵缝将坝段划分成若干柱状体浇筑混凝土，故又称柱状分块。它的优点是温度容易控制，混凝土浇筑工艺较简单，但为保证坝体的整体性，必须进行接缝灌浆；且模板工作量大、施工复杂。

为了传递剪应力的需要，在纵缝面上设置键槽，并需要在坝体到达稳定温度后进行接缝灌浆，以增加其传递剪应力的能力，提高坝体的整体性和刚度。键槽的两个斜面应尽可能分别与坝体的两个主应力垂直，从而使两个斜面上的剪应力接近于零，如图 4-14 所示。键槽的形成有两种：直角三角形和梯形，在我国前者多被采用。

(二)斜缝分块

斜缝一般沿平行于坝体第二主应力方向设置，缝面剪应力很小，只要设置缝面键槽不必进行接缝灌浆，但需布置骑缝钢筋以确保坝体的整体性。斜缝法往往是为了便于坝内埋管的安装，或利用斜缝形成临时挡洪面采用的。

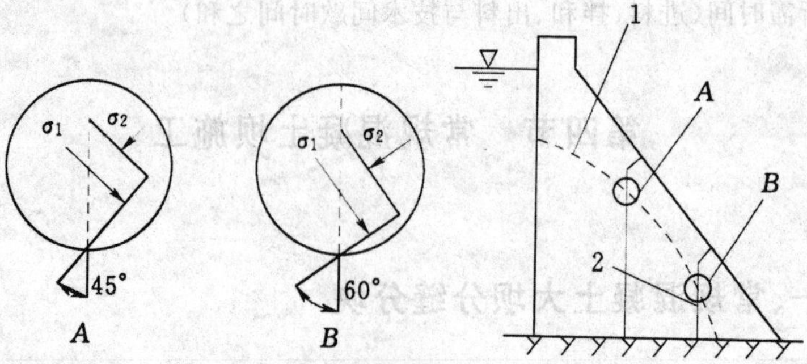

图 4-14　纵缝键槽与坝体主应力
1—第一主应力轨迹；2—纵缝

（三）错缝分块

错缝分块又称为砌砖法，是沿高度方向错开的竖缝进行分块。因其浇筑块不大，故混凝土温度控制的要求不高。分块时将块间纵缝错开，互不贯通，故坝的整体性好，进行纵缝灌浆。但由于浇筑块相互搭接，施工干扰很大，施工进度较慢，同时在端部因应力集中容易开裂。目前，错缝分块的浇筑方式已很少采用。

（四）通仓浇筑

通仓浇筑法即不设纵缝，混凝土浇筑按整个坝段分层进行。由于浇筑仓面大，便于大规模机械化施工，简化了施工程序。特别是大量减少模板作业工作量，施工速度快，但因其浇筑块长度大，容易产生温度裂缝，所以温度控制要求严格。

以上分缝形式各有优缺点，目前大中型重力坝及大型拱坝一般采用纵缝分块，小型重力坝及中小型拱坝一般采用通仓浇筑。

二、混凝土坝接缝灌浆

为了保证坝体的整体性，纵缝、混凝土拱坝及其他有整体性要求的坝型的横缝一般都必须进行接缝灌浆。

（一）接缝灌浆管路系统布置

接缝灌浆都是分区进行的，其灌区高度，一般为 10～15m，基础部位为 6～8m。灌区的面积一般约为 150～300m^2。各灌区的灌浆管系统布置，主要分为盒式及骑缝式两类。

1. 盒式灌浆管路系统

盒式灌浆管路系统，由进、回浆干管和支管、出浆盒、排气槽及排气管组成，周围用止浆片封闭形成独立的灌浆区。

为了排除在灌浆时灌浆区接缝内的空气，进浆顺序应使浆液自下上升。管路系统的布置原则如下：①应尽量选用较短的管路布置。②应尽可能将各进、出管口集中布置，以便操作管理。③应能加速管路及接缝内的浆液循环，以防止堵塞。

盒式灌浆管路系统，布置型式有两类：一类是支管卧式布置，进、回浆干管立式布置；另一类是支管立式布置，进、回浆干管卧式布置。

图 4-15(a)所示的管路称为双回路布置，除一侧有进、回浆干管外，还在对侧设有事故备用进、回浆干管。其主要优点是进、回浆管不易堵塞，遇事故比较容易处理，灌浆质量较有保障，但耗费管材较多。这种布置型式多用于纵缝灌浆。

图 4-15(b)所示的管路称为单回路布置，只设有一套进、回浆干管，没有事故回浆干管。其主要缺点是进、回浆干管容易被堵塞，一旦发生堵塞，处理困难，所以在灌区较高时，很少采用单回路布置。这种布置型式多用于横缝灌浆。

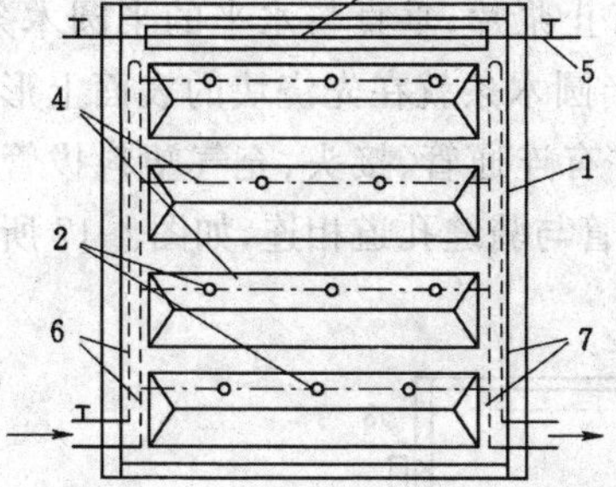

(a) 双回路布置

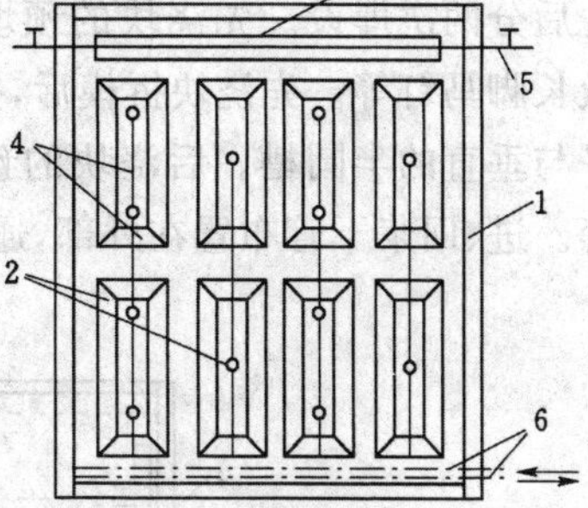

(b) 单回路布置

图 4-15 盒式灌浆管路系统布置

1—止浆片；2—出浆盒；3—排气槽；4—支管；5—排气管；6—进、回浆干管；7—备用进、回浆管

2. 重复灌浆

重复灌浆系统与一次灌浆系统的主要区别是出浆盒的构造不同，其他的管路系统完全一样。重复灌浆盒的构造如图 4-16 所示。

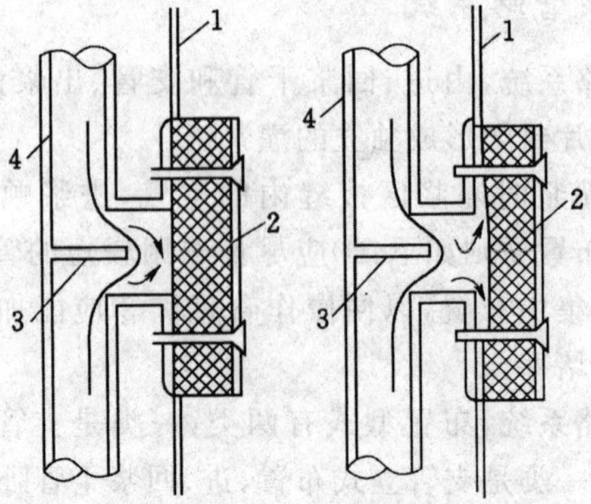

（a）出浆盒冲洗情况　（b）重复灌浆情况

图 4-16　重复灌浆盒工作原理

1—接缝；2—橡胶盖板；3—舌片；4—支管

重复灌浆盒能保证在冲洗压力作用下，水不能进入接缝；但在灌浆压力作用下，浆液能够顺利进入接缝内。橡胶盖板的弹性变形量，是控制接缝启闭的关键。使用前须通过试验来选定橡胶盖板的弹性参数。

3. 骑缝式灌浆系统

骑缝式灌浆系统，又称拔管式灌浆系统。灌浆系统的预埋件随坝块的浇筑先后分两次埋设。先浇块的预埋件有止浆片、垂直与水平的半圆木条、元钉及长脚马钉等。先浇块拆模后，拆除半圆木条就在先浇块的表面上形成了水平与垂直的半圆槽。后浇块的预埋件有连通管、接头、充气塑料拔管及短管等。进、回浆干管布置在外部，通过插管与骑缝孔道相连，如图 4-17 所示。

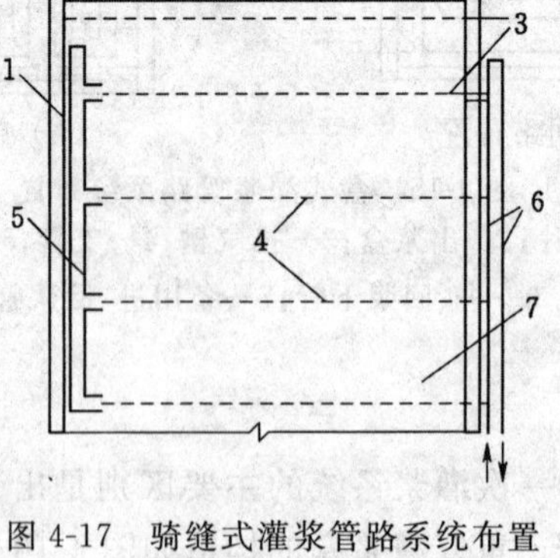

图 4-17　骑缝式灌浆管路系统布置

1—止浆片；2—排气孔；3—孔口拔管；4—骑缝孔；

5—省浆连通管；6—进、回浆干管；7—横缝面骑缝式灌浆系统，由于孔槽与接缝面直接连通，骑缝全线灌注，简化了盒式灌浆系统其烦琐的布置形式。由于采用充气塑料管造孔，废除了出浆盒与排气槽，简化了施工，又省工省料。

(二)接缝张开度与接缝灌浆压力

1. 接缝张开度

纵(横)缝接触面间缝隙的大小，称为接缝张开度。相邻浇筑块的高差、新老混凝土之间的温差、纵缝间距及键槽坡度等都直接影响接缝张开度。为了顺利灌浆，接缝张开度应大于0.5mm，但张开度不宜过大，否则将增加水泥用量，水泥浆结石也会引起较大的干缩。因此，其理想值一般为1～3mm。

随着灌浆压力的加大，接缝的张开度将增加，如增加的开度过大也会导致相邻接缝张开度减小，甚至造成相邻接缝处局部闭合而失去可灌性，还可能在被灌接缝的坝块底层产生拉应力。所以，对接缝增加的开度也必须严格控制，要求灌区顶层不超过0.5～0.8mm；底层不超过0.2～0.3mm。

2. 接缝灌浆压力

接缝灌浆压力以控制灌区层顶接缝灌浆压力为主，一般为0.2MPa；其次是控制层底接缝灌浆压力，控制进浆管口压力的意义不大。

灌浆压力，可近似按线性分布计算，即

$$P_0 = P_1 + 0.0098\gamma h + 0.0098\varepsilon\gamma \tag{4-3}$$

式中，P_0为层底压力，MPa；P_1为层顶压力，MPa；γ为浆液表观密度，t/m^3；h为灌区高度，m；ε为缝内的阻力系数，在通道顺畅的情况下，纵缝取0.5，横缝取0.3。

灌浆前，应计算灌浆时代表性坝块的应力，当坝块应力导致相邻未灌缝挤压闭合时，应采取措施在相邻缝通水平压。通水压力可采用灌浆压力的1/2，至灌浆层灌浆结束18h以后，才能解除通水压力。

上层灌区通水冲洗和相邻缝通水平压按直线分布计算，即

$$W_0 = W_1 + 0.0098\gamma h + 0.00098\varepsilon\gamma \tag{4-4}$$

式中，W_0为灌区通水时底部压力，MPa；W_1为灌区递水时顶部压力，MPa；γ为水的表观密度，t/m^3；h为灌浆区高度，m。

(三)接缝通水检查及冲洗

1. 全面通水检查

全面通水检查的目的在于查明接缝的可灌性,查找灌浆系统中串漏与堵塞的部位,判断混凝土内部是否存在缺陷。通水检查有单开式和封闭式两种方式。

①单开式通水检查。即从备管口轮流进水,在进水管口达到设计通水压力的条件下,再逐一开启每一个管口,分别测定各管路的单开出水率,以查明各管路的互通情况。

②封闭式通水检查。即在进浆管进水的同时将其他管口关闭,当排气管口压力达到设计值时(如遇漏水严重,起压困难,可降低为设计压力的50%~70%),分别测定各道接缝的总漏水率,并查找外漏部位及隐蔽串漏部位,查明灌浆系统的封闭完好情况和起压情况。

对通水检查中发现的堵塞或欠通管道,应采用风水轮流冲洗、管口掏挖和补钻钻孔的方法疏通。对已观察到的外漏部位,应及时予以嵌堵。

2. 缝面充水浸泡冲洗

为提高冲洗效果,在接缝内充清水浸泡至少 1d,冬季为降低水的冰点可用盐水溶液浸泡,使残存于管缝内的杂质溶解或松散,以提高冲洗效果。在灌浆区底部设置排污槽和排污蓄,以排除污物杂质,提高冲洗效果。

冲洗压力常以排气管口的压力来控制,其值不应大于设计灌浆压力。为减轻风压冲洗的破坏性,气压限制在 0.2~0.3MPa 之内。国外对风压冲洗持慎重态度,普遍采用水压冲洗。

(四)接缝灌浆施工

作为隐蔽工程,接缝灌浆必须采取合理的工艺措施和规定的施工程序,严格控制灌浆的质量,确保接缝灌浆后坝体的整体性和安全性。

1. 灌浆顺序及灌浆方法

确定灌浆顺序的原则是:防止因坝块变形导致相邻接缝的张开度变小或闭合;防止因施工期坝体应力状态恶化引起灌浆接缝重新拉裂或剪切破坏;满足初期蓄水高程的要求。

(1)在同一灌区,须先从基础层开始依次向上灌浆。对单个灌区,在下层灌浆结束 14d 后方可进行上层灌浆。若上下层互相串通,可两层同时施灌，以重点控制上层压力，调整下层缝顶压力。

(2)为避免沿一个方向灌注形成的累加变形影响后灌接缝的张开度，横缝灌浆可采取从大坝中部向两岸或两岸向中部会合的灌浆顺序。纵缝灌浆一般自下游向上游推进，因为接缝灌浆引起的附加应力可以抵消坝体挡水后坝踵的部分拉应力。

(3)对位于倾斜面、陡坡岩基上的坝块或相互串块的情况，一般将同高程的相邻灌浆区同时施灌。对漏水率较大、接缝容积大和接缝张开度小的灌浆区应先行施灌，但两缝灌浆先后结束的时间应控制在0.5～1h以内。

(4)同高程各相邻灌浆区，尽可能采用多缝同时灌浆，也可采用逐区连续或逐区间歇灌浆(间歇时间不少于3d)的方式，进浆顺序则依接缝容积和坝块受力条件而定。

(5)同高程相邻的纵、横缝，其灌浆间隔时间不同，主要是考虑到纵缝以受压为主，横缝以受剪为主。

(6)纵缝与横缝灌浆的先后顺序应根据坝块及水泥结石的受力条件而定。一般是先横缝后纵缝。如需要考虑坝块的侧向稳定，也可先纵缝后横缝。

(7)对于较陡岩坡的接触灌浆，应安排在混凝土坝块相邻纵缝或横缝灌浆完毕后进行，以利于接触灌浆时的坝块稳定。

(8)在靠近岩基部位的接缝灌浆区，如岩基中有中压或高压帷幕灌浆，一般先灌接缝，后灌帷幕；如有必要可先进行中压帷幕灌浆，但需对附近接缝同时采取冲洗措施，以防帷幕灌浆串堵接缝灌浆系统。

不论采取多区同灌或多区连灌，每个灌浆区均要求配备一台灌浆机。施灌过程中，要注意观察有无漏水情况，并掌握好闭浆时间。施灌的水泥浆液在初凝之前未发现漏水现象，则认为合格。一般闭浆时间以8h为宜，因为在该时间内灌注的水泥浆已基本凝固。

2. 钻孔灌浆

风钻钻孔可从大坝的侧面、顶面、下游面或廊道内进行，孔洞要斜穿缝面。钻孔孔径一般为46～62mm，每孔可控制灌浆面积3～6m^2。若用钻机钻孔，则应垂直贯穿纵缝键槽或横缝骑缝，按孔距3～5m施钻，孔径一般为130mm或150mm。

钻孔灌浆的方法及要求有如下几点：

(1)全缝面钻孔灌浆。从坝体两侧钻孔，各自连通形成灌浆系统。灌浆自下而上分组进行，两侧同时进浆，直至顶部排气孔(管)排水、排浆。

(2)原管道结合钻孔灌浆。有两种方式。一种是以原管道为主，钻孔为辅。先将所有钻孔用管道联通起来自成一套灌浆系统，该灌浆系统与原管道灌浆系统分别使用一台灌浆机灌浆。先由原管道进浆，钻孔敞开排浆；灌至最终级稠度浆液时，再从钻孔进浆灌注。另一种是以钻孔为主，原管道为辅。分别用一台灌浆机灌浆，先将钻孔用管道连通，最下一组进浆，自下而上分组推进。该期间由原管道间断放浆，至最终级浆液时，才进浆灌注。

第五节　碾压混凝土坝施工

一、碾压混凝土坝施工的技术特点

1. 采用低稠度干硬混凝土

碾压混凝土拌和物的稠度用 VC 值(Vibrating Compaction)表示。所谓 VC 值，是将拌和物装入规定的拌和筒(内径 240mm，内高 200mm)，在规定压重、规定振动频率和振幅的振动台上将碾压混凝土拌和物从开始振动至表面泛浆所需时间(以 s 计)。在工程上用 VC 值检测碾压混凝土的可碾性，并用来控制碾压混凝土相对压实度。

2. 大量掺加粉煤灰，减少水泥用量

由于碾压混凝土是干贫混凝土，要求掺水量少，水泥用量也很少。为保持混凝土有必要的胶凝材料，必须掺入一定数量的粉煤灰。

3. 大坝横缝采用切缝法或形成诱导缝

碾压混凝土坝是通仓填筑，所以横缝要采用振动切缝机切割或设置诱导孔等方法形成。坝段横缝一般采用塑料膜、铁片或干砂等材料填缝。

4. 靠振动压实机械使混凝土达到密实

常规混凝土用振捣器械振捣使混凝土趋于密实，碾压混凝土则靠振动碾压使混凝土达到密实。碾压机械的振动力是一个重要指标，在正式使用之前，碾压机械应通过碾压试验来检验其碾压效果，确定碾压遍数及行走速度等。

5. 简化温控措施，重视表面防裂

仓内无须采用冷却水管通水降温，只需在选用低热大坝水泥，多掺粉煤灰外，采用冷水拌和及骨料预冷，层面散热，表面冷水喷雾，安排在低温季节浇筑基础层等简单温控措施。

二、碾压混凝土施工工艺

碾压混凝土施工由于摊铺、振动压实等方法区别于常规混凝土施工，其工艺流程如图 4-18 所示，施工作业流程如图 4-19 所示。

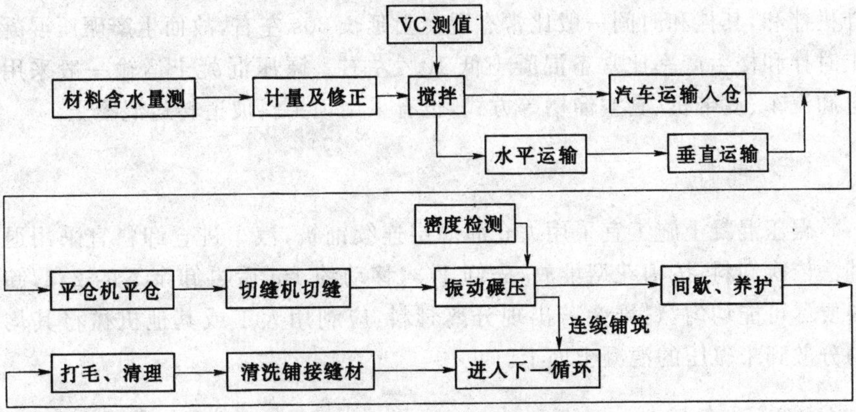

图 4-18　碾压混凝土工艺流程图

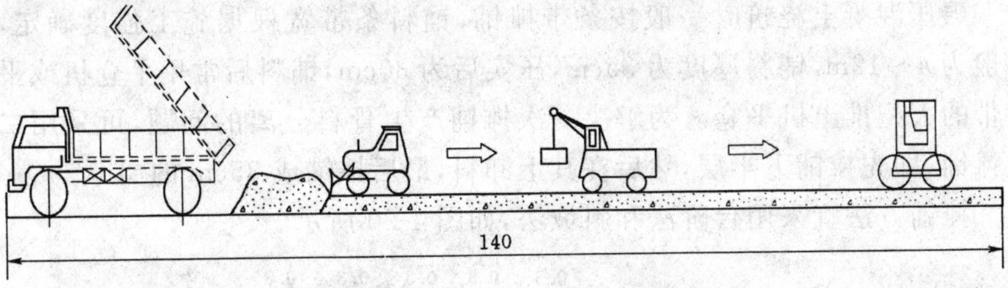

(a) 自卸汽车供料　(b) 平仓机平仓　(c) 切缝机切缝　(d) 振动碾压实

图 4-19　碾压混凝土施工作业流程图

(单位：mm)

(一)现场碾压试验

通过试验，可以校核与修正碾压混凝土配合比设计；确认碾压混凝土施工各项工艺参数(条带摊铺厚度、宽度与长度、压实厚度及遍数、放置时间等)；确认施工设备适用性、配置及其数量；熟悉施工工艺，解决施工中可能发生的问题；制定适合本工程的碾压混凝土施工规程。试验场地一般利用临时围堰、护坦或大型临时设备基础等。

碾压混凝土采用一定升程内通仓薄层连续浇筑上升，连续浇筑层层面间歇 6～8h，高温季节浇筑碾压混凝土时预冷碾压混凝土在仓面的温度回升大。另外，碾压混凝土用水量少，拌制预冷混凝土时加冰量少，高温季节出机口温度难以达到7℃，因而高温季节对碾压混凝土进行预冷的效果不如常态混凝土。

(二)碾压混凝土拌和及运输

碾压混凝土一般可用强制式或自落式搅拌机拌和，也可采用连续式搅拌机拌和，其拌和时间一般比常态混凝土延长30s左右，故而生产碾压混凝土时拌和楼生产率比常态混凝土低10%左右。碾压混凝土运输一般采用自卸汽车、皮带机、真空溜槽等方式，也有采用坝头斜坡道转运混凝土。

(三)卸料

碾压混凝土施工宜采用大仓面薄层连续铺筑，汽车进仓卸料宜采用退铺法依次卸料，按梅花型堆放，先卸1/3，移动约1m后再卸余下的2/3，卸料要尽可能均匀，料堆旁若出现分离骨料，应利用人工或其他机械将其均匀分散到未碾压的混凝土面上。

(四)平仓摊铺

碾压混凝土浇筑时一般按条带摊铺，铺料条带宽根据施工强度确定，一般为4～12m，铺料厚度为35cm，压实后为30cm，铺料后常用平仓机或平履带的大型推土机平仓。为解决一次摊铺产生骨料分离的问题，可采用二次摊铺，即先摊铺下半层，然后在其上卸料，最后摊铺成35cm的层厚。

摊铺方法宜采用台阶法和斜坡法，如图4-20所示。

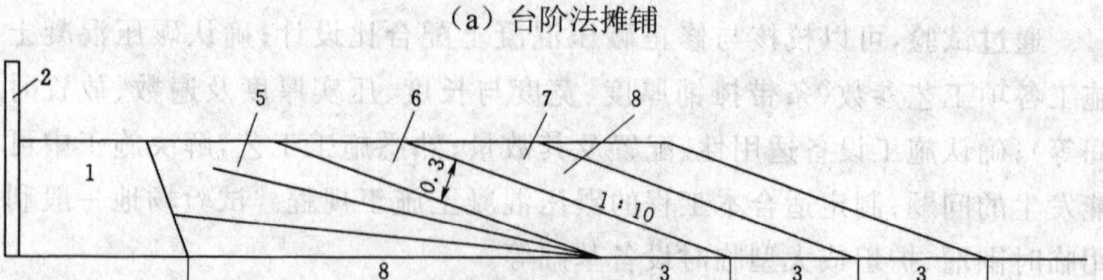

(a) 台阶法摊铺

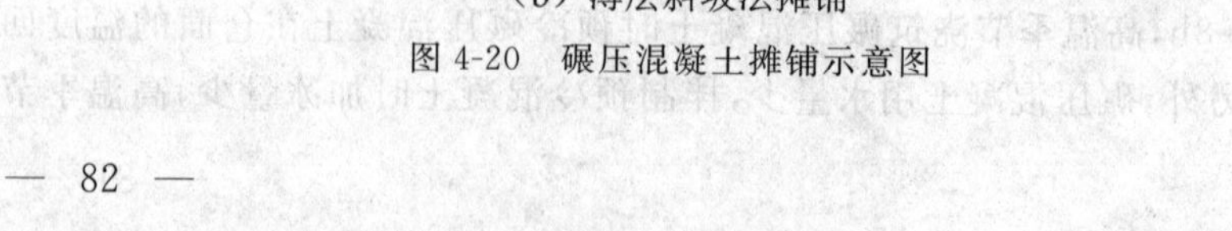

(b) 薄层斜坡法摊铺

图4-20 碾压混凝土摊铺示意图

（单位：m）

1—常态混凝土或变态混凝土；2—模板；3—先一条块砂浆；4—后一条块砂浆；
5—第一条带；6—第二条带；7—第三条带；8—斜层（1∶10）摊铺、一次碾压

（五）碾压

碾压是碾压混凝土施工最重要的环节。一个条带平仓完成后应立即开始碾压。一般选用自重大于10t的大型滚筒自行式振动碾，作业时行走速度为1～1.5km/h，碾压遍数通过现场碾压试验确定，一般为无振2遍加有振6～8遍，碾压错距宽度大于0.2m，端头部位搭接宽度宜大于1.0～1.5m。条带从摊铺到碾压完成时间宜控制在2h左右，VC值不小于30s，边角部位则用小型振动碾压实。每层碾压作业完成，要用核子密度仪按$100m^2$一点检测其密度，当满足设计要求（一般相对压实度大于97%）时方可进行下一层碾压作业。若未能达到设计要求，则应立即重碾，直到满足设计要求为止。

（六）成缝及层间处理

造缝一般采用先切后碾的施工方法，成缝面积不应小于设计面积的60%，填缝材料一般采用塑料膜、金属片或干砂。

每个碾压层面均要求在混凝土初凝之前进行上层碾压覆盖，超过初凝时间未加覆盖的层面应刮摊1.5～2.0cm厚水泥砂浆或喷洒净浆层面以加强层间黏接。超过终凝时间的层面应进行冲毛，再刮摊1.5～2.0cm厚水泥砂浆以加强层间黏接。

（七）碾压混凝土的养护和防护

碾压混凝土是干硬性混凝土，受外界的条件影响很大。在大风、干燥、高温气候条件下施工，为避免混凝土表面水分散失，应采取喷雾补偿等措施，在仓面造成局部湿润环境，同时在混凝土拌和时适当将VC值调小。

碾压混凝土终凝后应立即开始洒水养护。对于水平施工缝和冷缝，洒水养护应持续至上一层碾压混凝土开始铺筑为止；对永久外露面，宜养护28d以上。刚碾压完的混凝土不能洒水养护，可用毯子或麻袋覆盖防止因日晒引起的表面水分蒸发，且起到养护作用。

第六节 混凝土水闸施工

水闸通常分为开敞式和涵洞式两种形式，本节仅介绍开敞式混凝土水

闸的施工。开敞式水闸一般由闸室(底板、闸墩、边墩或岸墙、胸墙、工作桥、交通桥、闸门),上游连接段(铺盖、护底、上游防冲槽)和下游连接段(护坦、海漫、下游防冲槽等),两岸工程(上下游翼墙、上下游护坡、刺墙等)所组成。

一般情况,水闸工程的施工内容主要有:导流工程、降水排水与基坑开挖、地基处理、混凝土工程、砌石工程、回填土工程、闸门与启闭机安装、围堰拆除等。

一、闸基开挖与处理

水闸多建于软基河床之上,采用以人工降低地下水位(管井法、轻型井点法等)为主进行基坑降排水。结合工程实际可选用推土机、铲运机、挖掘机开挖与自卸汽车运输相结合等机械开挖方法,但基坑底部 50cm 厚的基础面保护层必须采取人工开挖,以避免对地基土的扰动。

二、混凝土浇筑顺序

安排混凝土浇筑顺序应遵循以下原则:

(1)先深后浅。先浇深基础,再浇浅基础。这样做,一方面可避免因深基础施工对相邻已完工的浅基础扰动而使基础混凝土产生破坏(沉降、滑动、断裂);另一方面,可在一定程度上减少排水工程量。

(2)先重后轻。先浇筑自重大的部分,可以使其基础及早沉实,预沉一段时间之后再浇筑荷重较轻的部分,可以减少因沉陷差过大而对相邻较轻建筑物基础的牵动。

(3)先高后矮。某些高度较大的需几次浇筑方可到位的部位或者有上层建筑物的部位应优先浇筑,一是可减少沉陷差;二是可缩短施工工期;三是可平衡施工力量,减少彼此间的施工干扰。

(4)先主后次。确定施工程序,要分清轻重缓急,抓住主要矛盾,在保证重点部位建设的前提下,穿插安排一些次要、零星的浇筑项目,以便流水作业。

因此,水闸施工应遵循以闸室为主、岸翼墙为辅、穿插进行连接段工程的规律,以加快施工进度。

闸室混凝土施工是根据沉陷缝、温度缝(工程设计时往往将沉陷缝兼作温度缝)和施工缝分块分层进行的。

三、水闸底板与闸墩的施工

(一)水闸底板混凝土的施工

除了在地基条件良好时采用反拱底板可以节省钢筋之外,大多数水闸都采用上、下游带有齿墙的平底板。水闸底板浇筑前,为保护地基和找平基面,需要在软土地基上先铺设一层 8～10cm 厚的素混凝土垫层。

水闸底板的施工包括立模、绑扎钢筋、架立仓面脚手架、清仓、浇筑混凝土等环节。底板立模较简单,只需在其四周架立侧模板(可先立三面,另一面待钢筋、支柱运输结束后架立),模板则通过平撑、斜撑及地龙木等固定于木桩上(图 4-21)。距样线隔混凝土保护层厚度放置底层样筋,在样筋上分别画出分布筋和受力筋的位置并标记,然后依次摆上设计要求的钢筋,检查无误后用铅丝等绑扎好,最后垫上事先预制好的砂浆垫块以控制保护层厚度。底板面层钢筋则应固定在预制的混凝土四棱台支柱(其高度比底板厚度略小,视钢筋保护层厚度而定)上,可避免在浇筑混凝土时面层钢筋出现沉降。为防止混凝土进料口处的面层钢筋变形,可用铅丝将钢筋绑吊于仓面脚手架上。

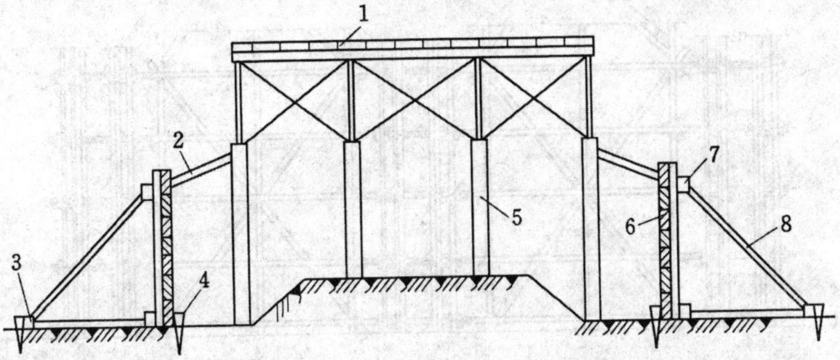

图 4-21 底板立模与仓面脚手架

1—混凝土浇筑平台;2—内撑;3—地龙木;4—木桩;5—混凝土支柱;6—模板;7—围令木;8—斜撑

平底板混凝土,常采用平层铺料法浇筑。对于厚度小于 1.5m 的底板,也可采用斜层铺料法浇筑。施工时先浇筑齿墙,再浇筑底板混凝土。由于底板面积大,混凝土供料强度应满足要求,以确保在混凝土初凝之前完成下一层混凝土的浇筑,避免冷缝的产生。

(二)闸墩施工

水闸闸墩的特点是高度大、厚度薄、模板安装困难、工程面狭窄、施工不便，在门槽部位钢筋密、预埋件多、干扰大。

闸墩施工包括模板架立、钢筋架设、混凝土浇筑、施工缝处理、门槽二期混凝土浇筑和门槽安装等工序。立模时，要注意闸墩的位置、形状、尺寸和垂直度的准确性。闸墩施工缝处理时，要注意缝面倾向。闸墩施工的难点是门槽浇筑，常用预留二期混凝土或预制门槽一次浇筑两种方法施工。

闸墩混凝土浇筑有固定模板施工与滑模施工两种类型，以下介绍固定模板的施工工艺。为减小闸墩的厚度与垂直度的偏差，闸墩施工的关键在于立模。立模时，先立闸墩两侧的平面模板，然后再立两端的圆头模板。传统的做法是对拉螺栓加套管的固定模式(图 4-22)，即先按照闸墩厚度用砂浆预制好一批穿孔四棱柱体，将对拉螺栓穿心后用铁板螺栓夹紧模板，拆模时抽出对拉螺栓，再用砂浆封填预制四棱柱体中间的孔洞，但应满足闸墩平整度的要求。现在普遍的做法是，在预制四棱柱体时将对拉螺栓埋入其内，并定制一批硬质橡胶垫块。立模时将橡胶垫块穿入对拉螺栓两端，使四棱柱体与两只橡胶垫块厚度的总长恰好与闸墩厚度相等，再用铁板螺帽夹紧模板。此种做法的好处是，在于闸墩拆模时抽出两只橡胶垫块后、再用氧炔焰齐根切割外露的对拉螺栓，这样最后填补的高强度砂浆可保证留在闸墩中的对拉螺栓处于混凝土保护层之内。

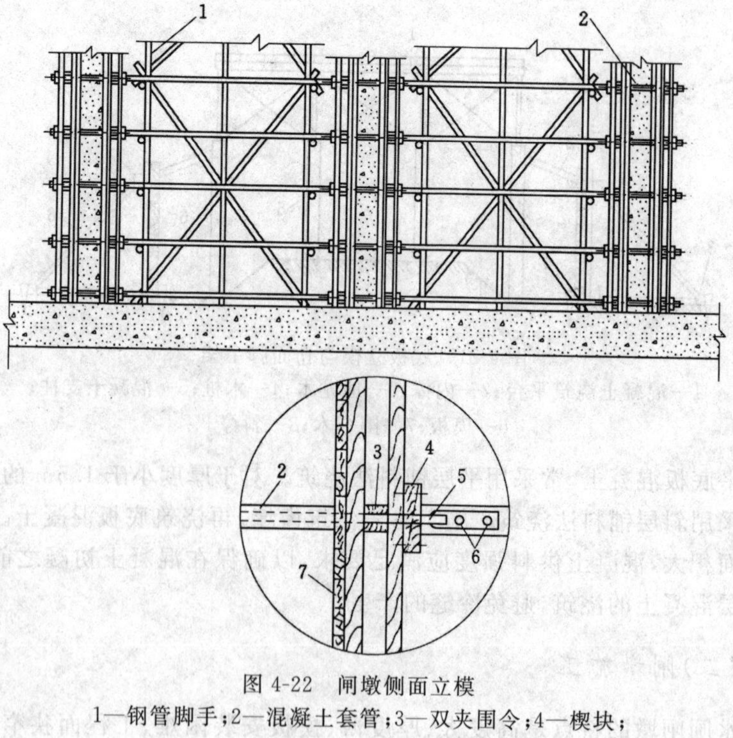

图 4-22　闸墩侧面立模

1—钢管脚手；2—混凝土套管；3—双夹围令；4—楔块；

5—对拉螺栓；6—铁板螺栓；7—模板

出于对钢筋防锈蚀及对混凝土抗碳化、抗裂性和抗渗性的考虑，闸墩钢筋的混凝土保护层厚度应控制在5～8cm。对于外部有抗冻要求的混凝土，要按规定严格控制水灰比，且须掺用适量的引气剂或引气减水剂。

钢筋安装方法有整装法和散装法。工程中使用的钢筋直径在30mm以内时，一般可采用整装法。在绑扎底板的下层钢筋时，要用水泥砂浆垫块控制混凝土保护层厚度。层面钢筋要固定在混凝土支撑柱上，其高度比底板厚度小一个保护层厚度。

四、水闸混凝土接缝的施工

（一）水闸沉陷缝的处理

水闸沉陷缝的位置取决于设计要求，多为宽2～3cm竖向缝，缝面平整清洁，内设止水，止水起结构防渗作用，设于沉陷缝迎水面一侧。制作止水的材料有紫铜片、塑料止水带、镀锌铁皮、橡胶等。垂直止水与沥青井是联合使用的，如图4-23所示。沥青井由长1m，壁厚5～10cm，边长常为20cm的预制混凝土块砌筑而成，井壁内面与外面均为粗糙面，要保持干燥清洁。沥青胶则随着预制块的接长分段灌注，也可最后一次浇灌，总之要保证沥青胶完全填满沥青井。

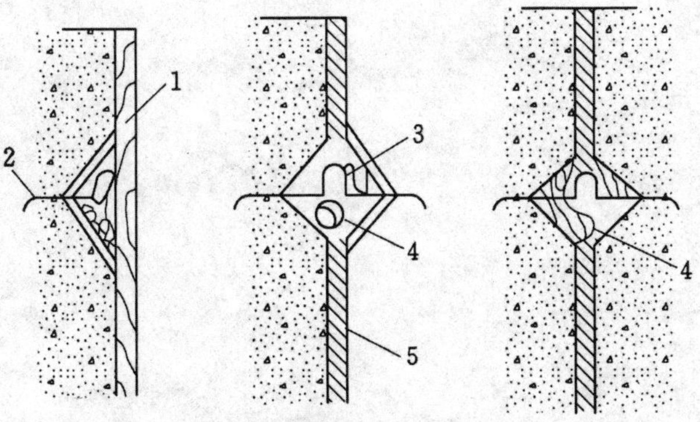

图4-23　沥青井与垂直止水的施工过程

1—模板；2—止水片；3—预制混凝土块；4—热灌沥青；5—填料

（二）混凝土水闸施工缝的留设

混凝土水闸底板与消力池一般不留施工缝。若需留设施工缝，尽量按纵横向做成宽30～50cm，深10～20cm的沟槽，并在重要部位每隔30～

100cm 按梅花形布置插入钢筋，以加强上下层混凝土的黏结。

闸墩高度较大时，其施工缝应设于结构受力最小处：高 10m 左右的闸墩，其施工缝数量一般不宜超过两个。承受单向水头的水闸，闸墩施工缝可做成朝向上游的斜面；承受双向水头的水闸，闸墩施工缝可做成带凹凸槽的平面。

对于闸室结构断面突然变化的部位，因其相邻结构荷重相差悬殊，也应设施工缝。

对于上游水平铺盖和下游消力池，它们与闸室连接部位也应结合结构缝分别施工，缝间设水平止水。

岸墙和翼墙，可根据施工条件设置施工缝。

第五章　地下建筑工程施工技术

为了适应水利水电工程运用的要求，常在地面以下修建各种建筑，这类建筑物统称为地下建筑工程。水利水电工程中的引水洞、输水洞、导流洞、泄洪洞、竖井和水电站地下厂房均属地下建筑物。

地下建筑工程施工要完成的工作项目，主要有洞口开挖、洞室开挖和出渣、洞室临时支护、洞室衬砌、洞室灌浆以及质量检查等。

第一节　地下建筑工程的施工程序

施工程序问题涉及整个地下建筑施工的全过程，地下洞室的施工程序见图 5-1。

地下洞室按照倾角（洞轴线与水平面的夹角）可划分为平洞、斜井、竖井三种类型，其划分原则为：倾角小于 6°为平洞。倾角 6°～7°为斜井、倾角大于 75°为竖井。

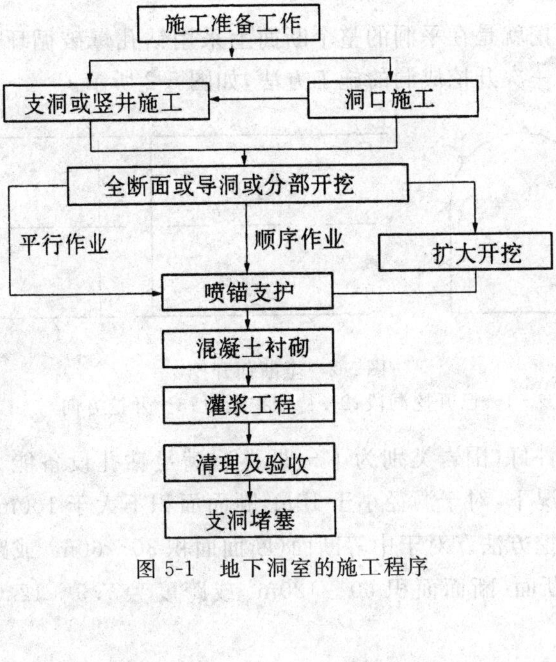

图 5-1　地下洞室的施工程序

一、平洞施工

(一)施工工作面

平洞施工工作面,不仅影响到施工进度的安排,而且与施工布置也有密切的关系。特别是长洞,如果仅仅依靠进口和出口工作面进行施工,难于满足施工进度的要求,则应考虑开挖施工支洞或竖井等来增加工作面。平洞施工中增加的工作面的数量可按式(5-1)进行估算

$$\frac{L}{NV}+\frac{l_{\max}}{v}\leqslant[T] \tag{5-1}$$

式中,$[T]$为平洞施工的限定工期,月;L 为平洞的全长,m;N 为工作面的数目,个;V 为平洞施工的综合进度指标,m/月;$l_{\max}$为施工支洞(或竖井)的最大长度(或高度),m;v 为施工支洞(或竖井)的综合进度指标,m/月。

当有永久性支洞或竖井(如交通洞、通风洞、调压井)可以利用时,应优先考虑,以节省临时工程的费用。对于临时性的支洞与竖井,应尽量选在施工、运用比较方便的位置。

(二)平洞开挖方法

1. 全断面开挖

全断面开挖就是在平洞的整个断面上采用钻孔爆破循环作业(或掘进机连续作业),一次开挖成洞的施工方法,如图 5-2 所示。

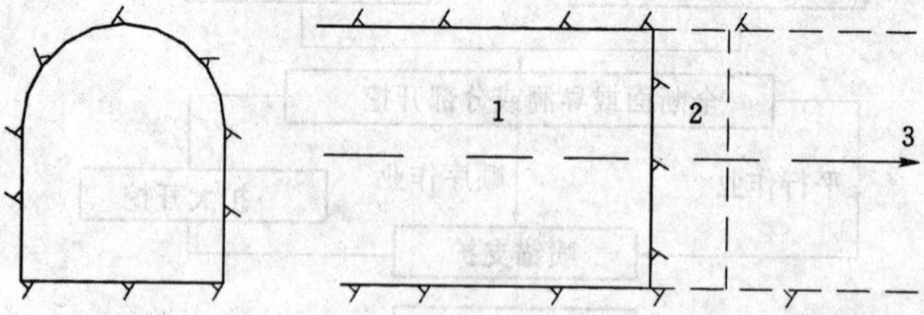

图 5-2　全断面开挖

1—已开挖洞段;2—待开挖洞段;3—开挖方向

当成洞条件好(围岩类别为Ⅰ～Ⅲ类)、满足钻孔设备能力,在施工和环境安全的情况下,对于洞径小于 10m,断面面积不大于 $100m^2$ 的平洞,宜采用全断面开挖方法。对于中等断面(断面面积 30～$60m^2$ 或跨度为 5.5～7.5m)及较大断面(断面面积 60～$120m^2$ 或跨度为 7.5～12.0m)的隧洞,

当地质条件较好，围岩坚固稳定，不需要支撑或只需要局部简单支撑，又有完善的机械设备时，应尽量采用全断面开挖。

全断面开挖法的施工程序是：全段面一次开挖成洞，后面紧跟衬砌作业。其施工特点是：工作空间大，工序间相互干扰小，有利于采用大型设备，便于施工组织管理，施工速度快。

2. 断面分部开挖

在围岩稳定性较差，需要支护的情况下，开挖大断面的隧洞时，可先开挖一部分断面，要及时做好支护，然后再逐次扩大开挖，这种方法称断面分部开挖法。

断面分部开挖法一般适用于中、大、特大断面（断面面积大于 $120m^2$ 或跨度大于 120m）洞室的开挖。断面分部开挖法又称台阶开挖法，可分为正台阶开挖法和反台阶开挖法，台阶超前的长度一般为 2.0～3.5m。

(1)正台阶法。把断面分成 1～3 个台阶，自上而下施工。顶层高度以多臂钻机的作业高度而定，一般在 7.5～10.5m 之间，如图 5-3 所示。

正台阶法施工的特点是：变高洞开挖为若干个中、低洞开挖；适用于机械化施工，施工机动灵活，能适应地质条件的变化；可利用台阶钻上部炮孔，一般不需搭设脚手架，上部钻孔与下部出渣可以平行交叉作业；风、水、电管路会产生多次拆装，导致施工组织复杂。

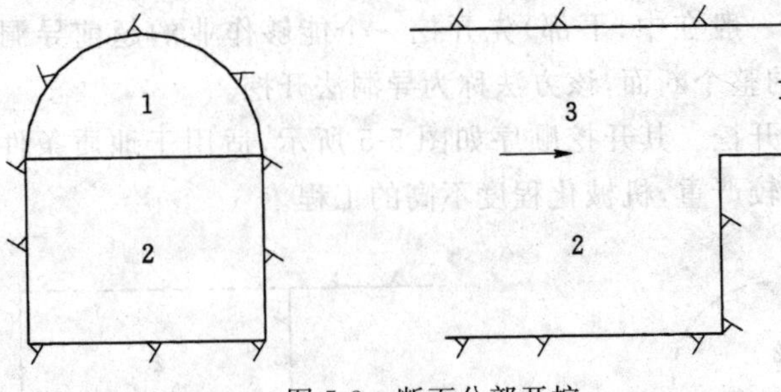

图 5-3 断面分部开挖
1、2—开挖顺序；3—开挖方向

(2)反台阶法。反台阶法是一种自下而上的分部开挖方法，台阶形态与正台阶法相反。反台阶法下部断面的开挖与全断面法基本相同，上部反台阶因有多个倒悬临空面，可提高钻爆效果。

反台阶法施工的特点是：工作面较宽敞，排水条件好，施工布置方便，可利用爆破料堆钻上部台阶孔，无须搭设或少搭设作业平台，临空面多，爆破效率较高，施工速度快。

反台阶法应注意的问题是，要防止上部台阶蹦落的石渣堵塞下部已掘进的坑道，从而影响其他作业。主要处理措施有：在上部台阶开挖段下沿设置漏斗棚架，使上部台阶的石渣堆集在棚架上，通过漏斗溜入底层运输工具运出洞外；将下部断面延伸到施工支洞处，或全部打通下部断面，从另一洞口出渣，如图 5-4 所示。

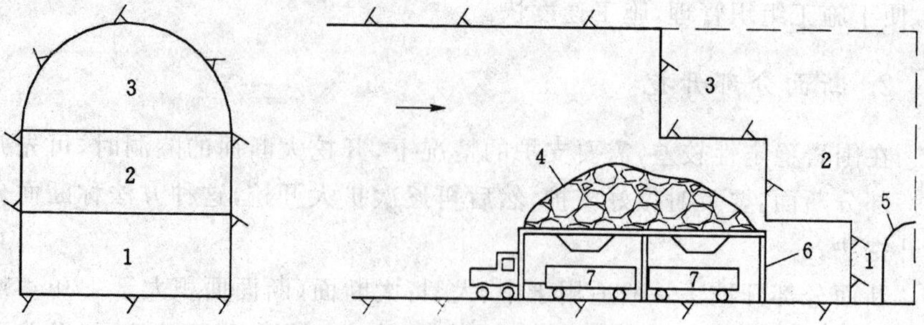

图 5-4　反台阶法施工示意图

1、2、3—开挖序号；4—上台阶堆渣；5—施工支洞；6—漏斗棚架；7—运渣工具

反台阶法适于在岩质较坚硬、完整的地层中开挖隧洞；在松软的岩层中应不用或慎用。

3. 导洞法开挖

当洞径大于 10m，断面面积大于 $100m^2$，采用全断面开挖有困难，并以中小型施工机械为主时，可采用导洞法开挖。根据围岩类别不同，在隧洞断面一定部位（一般在中、下部）先开挖一个能够作业的超前导洞，再逐次扩大开挖隧洞的整个断面，该方法称为导洞法开挖。

(1)下导洞开挖。其开挖顺序如图 5-5 所示，适用于地质条件较好，洞线较长，地下水较严重，机械化程度不高的工程。

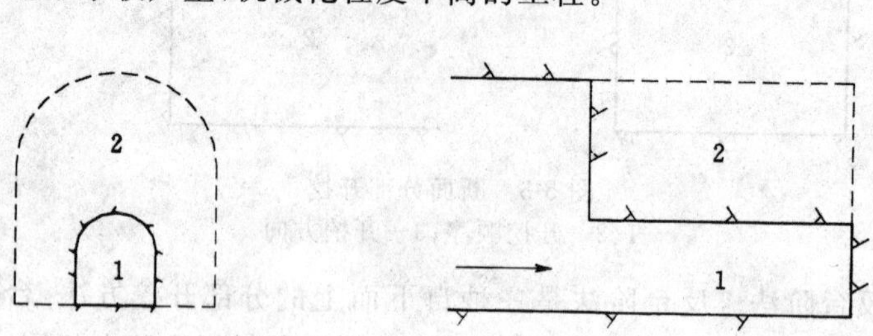

图 5-5　下导洞开挖

1、2—开挖顺序

(2)中导洞开挖。导洞布置在断面中部，导洞开挖以后向四周全面扩挖，其开挖顺序如图 5-6 所示。这种方法适用于较硬岩石层，不需要临时支撑，且具有柱架式钻机的场合。其优点是：扩大开挖可以和出渣平行作业；

缺点是:辅助钻孔爆破难以控制周边轮廓形状,对周边岩石扰动较大。

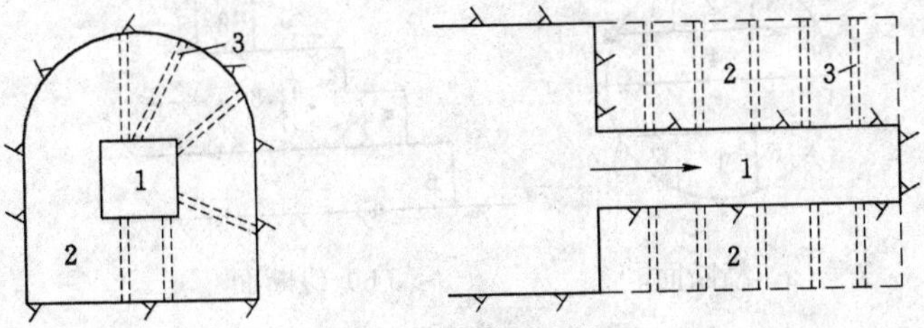

图 5-6　中导洞开挖

1、2—开挖顺序;3—钻孔

(3)上导洞开挖。其开挖顺序如图 5-7 所示,它适用于地质条件差,地下水不严重,机械化程度不高的工程。

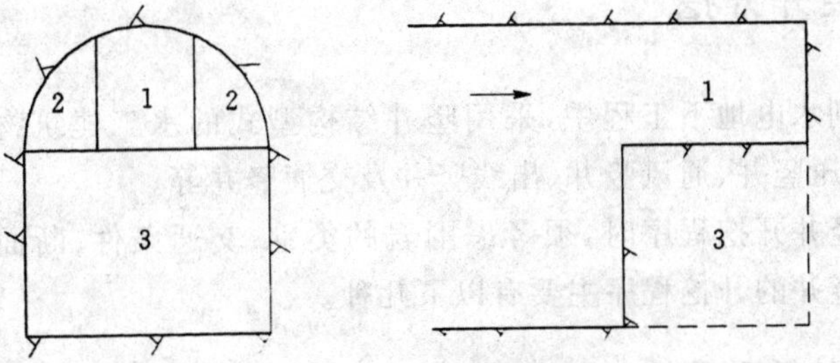

图 5-7　上导洞开挖

1、2、3—开挖顺序

(4)双导洞开挖。双导洞开挖有双侧导洞和上下导洞两种方式。前者适用于岩层松软破碎,地下水较严重,断面较大,需要边开挖、边衬砌的情况。后者适用于断面很大,缺少大型开挖设备,地下水严重的情况。上导洞用来扩大,下导洞用来出渣和排水,上下导洞用斜洞或直井连通。两种双导洞的施工顺序如图 5-8 和图 5-9 所示。

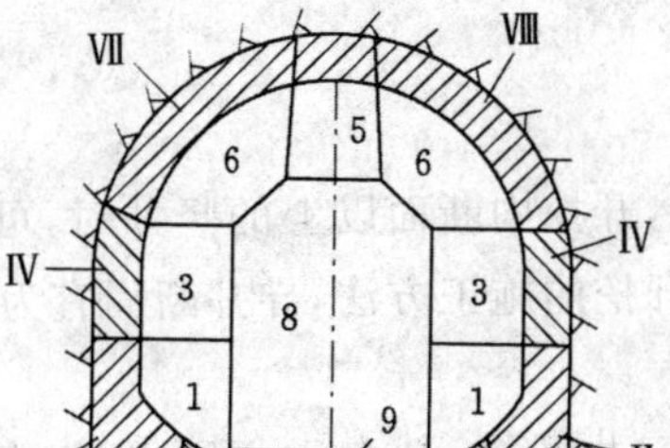

图 5-8　双侧导洞施工顺序

1、3、5、6、8、9—开挖顺序;

Ⅱ、Ⅳ、Ⅶ、Ⅷ、Ⅹ—衬砌顺序

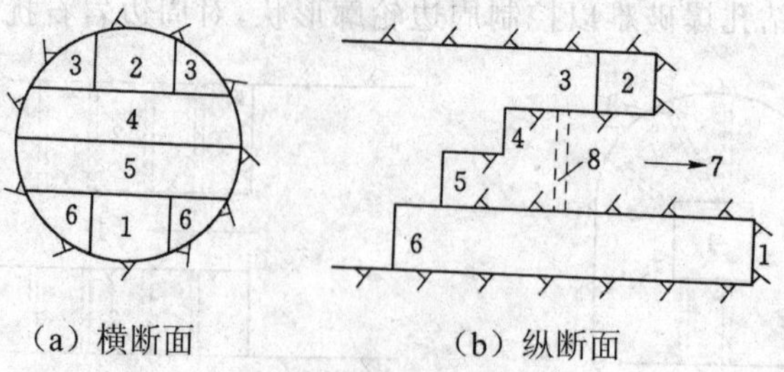

图 5-9 上下导洞开挖
1、2、3、4、5、6—开挖顺序；
7—开挖方向；8—交通井

二、竖井开挖

在水利水电地下工程中，采用竖井结构型式的水工建筑物主要有：闸门竖井、调压竖井、通风竖井、出线竖井及交通竖井等。

选择竖井开挖程序时，须考虑围岩的类别、交通条件、断面尺寸、井深等因素。竖井的开挖程序主要有以下几种。

（一）全断面开挖

（1）自上而下全断面开挖。施工方法类似平洞全断面开挖法，适用于井深在 50m 以内，及下部无通道或虽有交通条件，但工期不能满足要求的大断面竖井开挖。因人员、设备、出渣等均需从井口垂直运输，施工干扰大，施工条件差，安全问题突出。

（2）自下而上全断面开挖法。施工方法类似平洞全断面开挖法，要求下部有出渣通道。

（二）导井开挖

在Ⅰ、Ⅱ类围岩中，开挖中断面以上的竖井时，可采用先挖导井再自上而下或自下而上扩大开挖的施工方法，导井断面宜为 4～5m^2。导井开挖可选择以下方法施工。

（1）正反井开挖：正井开挖，即自上而下开挖，使用卷扬机提升出渣。适用于深度小于 50m 的导井开挖，亦可用于围岩稳定性差的竖井开挖；反井开挖，即自下而上搭设排架或在洞壁上打锚杆形成登高平台，手风钻钻孔爆破成井。此法适用于围岩稳定性较好，其深度小于 50m 的竖井；正反井相结合开挖。

(2)深孔爆破法。就是利用深孔钻机自上而下沿竖井全高钻一组平行深孔,分段自下而上爆破,石渣坠落到下部出渣,形成所需断面和深度的竖井。这种方法成本低,效率高。根据目前钻孔精度水平,该法主要适用于井深小于 50m 的竖井。

(3)吊罐法。是指先在竖井井口沿竖井中心线钻一个直径为 100～150mm 的钻孔,在竖井上部安放绞车,绞车上的钢丝绳沿中心钻孔下放,钢丝绳的下端系一个吊罐,施工人员利用吊罐进行钻爆作业,爆破时将吊罐下放至竖井下部的避炮洞,如图 5-10 所示。该开挖法施工设备简易、成本低,要求上下联系可靠。

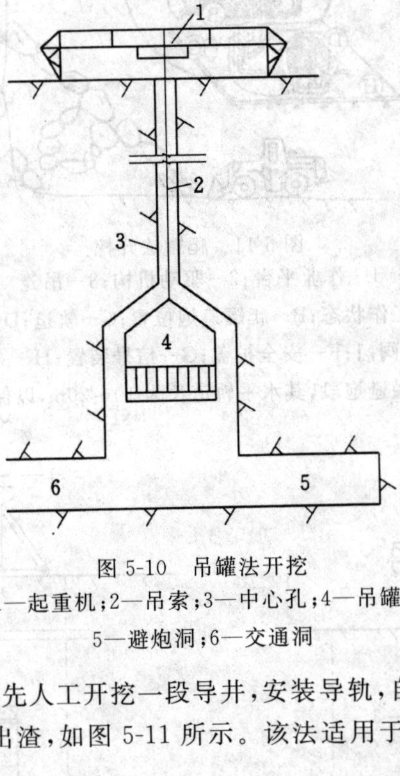

图 5-10　吊罐法开挖

1—起重机;2—吊索;3—中心孔;4—吊罐;

5—避炮洞;6—交通洞

(4)爬罐法。首先人工开挖一段导井,安装导轨,自下而上利用爬罐上升,浅孔爆破,下部出渣,如图 5-11 所示。该法适用于深度大于 50m 的导井开挖。

(5)反井钻机法。先自上而下钻直径 216mm 的导孔,然后自下而上扩孔至 20m,如图 5-12 所示。该方法适用于中等强度岩石竖井,深度在 300m 以内的竖导井开挖。这种方法机械化程度高、施工速度快、安全性好、工作环境好、施工质量好、工效高。但对于Ⅳ、Ⅴ类围岩成功率低。

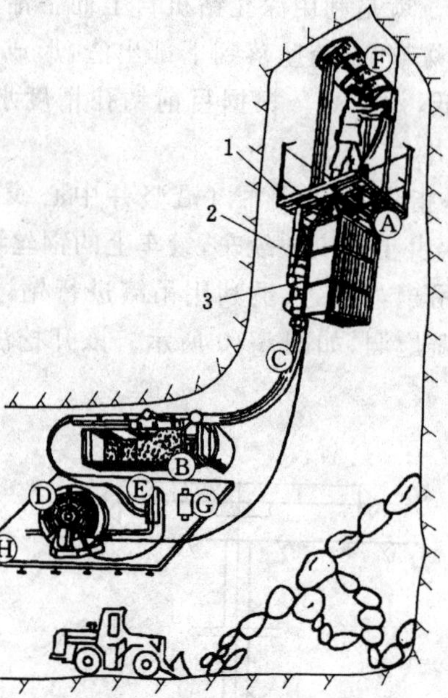

图 5-11 爬罐法开挖

1—作业平台；2—驱动机构；3—吊笼

A—爬罐工作状态；B—爬罐避炮位置；C—轨道；D—电缆盘；

E—风水阀门；F—安全护盖；G—信号装置；H—井脚平台

（亦为爬罐避炮段，其水平轨道长为 10～20m，以保证安全）

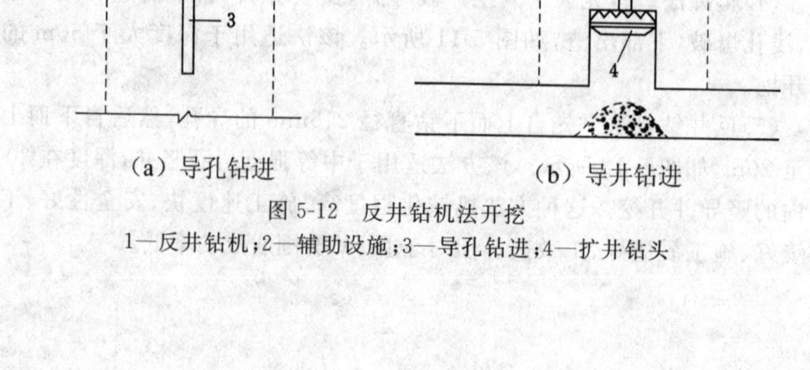

（a）导孔钻进　　（b）导井钻进

图 5-12 反井钻机法开挖

1—反井钻机；2—辅助设施；3—导孔钻进；4—扩井钻头

三、斜井开挖

斜井开挖可参考平洞和竖井。当斜井的倾角接近平洞时，其施工条件与平洞相近，可参考平洞的开挖程序；当斜井的倾角接近竖井时，其施工条件与竖井相近，可参考竖井的开挖程序。需要注意的是，出渣方式可结合斜井的特点，采用卷扬机提拉出渣或利用重力溜渣。

第二节 岩体中的钻孔爆破法开挖

地下建筑物开挖，目前广泛采用钻孔爆破法。

目前，地下工程洞室主要采用钻爆法开挖，其主要工序有钻孔、装药、堵塞、起爆、通风散烟除尘、安全检查、支护、出渣等。从钻孔起，到完成爆破出渣，通常称为一个作业循环。施工前，要根据设计图纸、地质条件、爆破器材性能及凿岩机械设备性能等条件进行钻爆设计。

一、钻孔爆破概述及设计

（一）炮孔类型及布置

按作用、布置方式及有关参数的不同，开挖断面上布置的炮孔往往分成：掏槽孔、崩落孔和周边孔。

1. 掏槽孔

掏槽孔是整个断面炮孔中首先起爆的炮孔，由于其密集的布孔和装药，先在开挖面（只有一个自由面）上炸出一个槽腔，为后续炮孔的爆破创造新的临空面，并决定一次循环的进尺，宜布置在开挖断面中部。为了保证一次掘进的深度，通常要求掏槽孔比其他炮孔略深15～20cm。应根据围岩的岩性、节理、裂隙发育情况布置掏槽孔，常见的布置形式有直孔掏槽和斜孔掏槽两大类。

（1）直孔掏槽。直孔掏槽是指所有掏槽孔均垂直于工作面，炮孔之间相距较近且保持互相平行，其中有一个或数个不装药的空孔，作为装药炮孔爆破时的辅助自由面。直掏槽孔的布置型式种类较多，见表5-1。

表 5-1　直孔掏槽主要参数

<table>
<tr><th rowspan="2">掏槽型式</th><th rowspan="2">布孔型式</th><th colspan="3">掏槽孔间距(mm)</th><th rowspan="2">适用条件</th></tr>
<tr><th>a</th><th>b</th><th>c</th></tr>
<tr><td>一字形</td><td>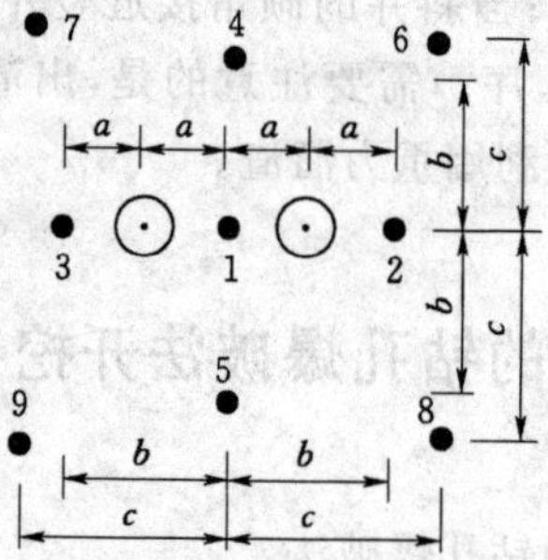
</td><td>150</td><td>300</td><td>400</td><td>$f=3\sim4$
砂岩、
石灰岩</td></tr>
<tr><td>四孔三角形</td><td>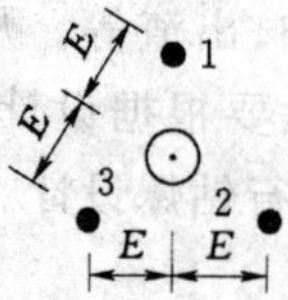
</td><td colspan="3">$E=2.5d$
d 为孔径</td><td>泥页岩</td></tr>
<tr><td>六孔三角形</td><td>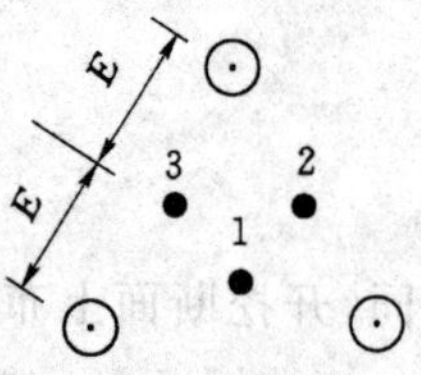
</td><td colspan="3">$E=2.0d$
d 为孔径</td><td>砂岩</td></tr>
<tr><td>单空孔菱形</td><td>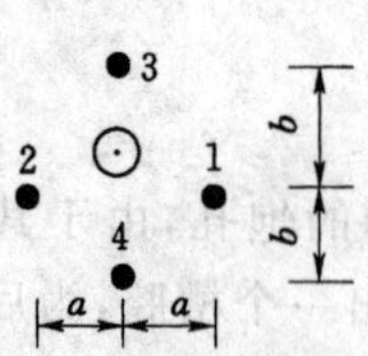
</td><td>100～
150</td><td>170～
200</td><td></td><td>页岩和中
硬岩</td></tr>
<tr><td>双空孔菱形</td><td>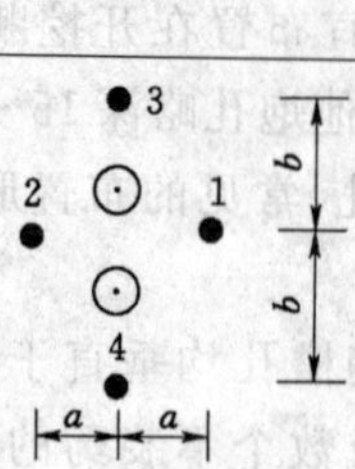
</td><td>100～
150</td><td>170～
206</td><td>—</td><td>坚硬岩石</td></tr>
</table>

续表

掏槽型式	布孔型式	掏槽孔间距(mm)			适用条件
		a	*b*	*c*	
四空孔十字形	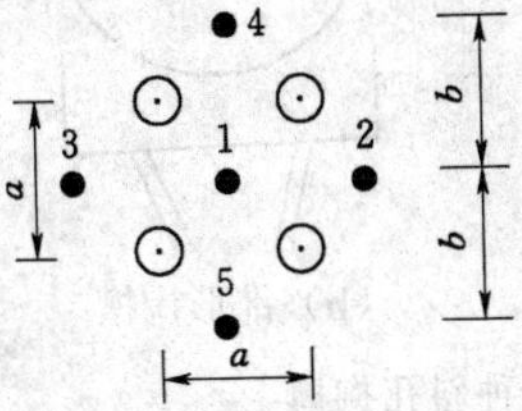	160～200	250～300	—	各类岩层
九孔中空对称形	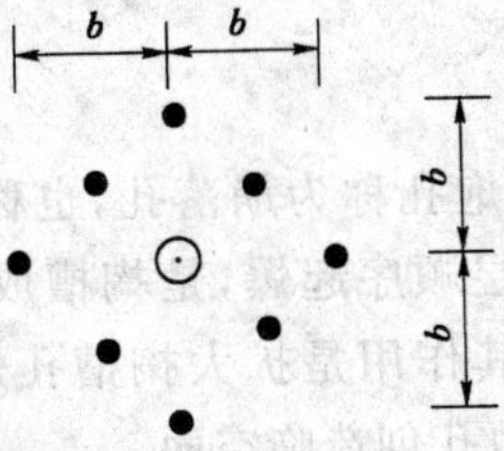	160～200	350～400	—	软岩和中硬以下岩层
大孔径空孔	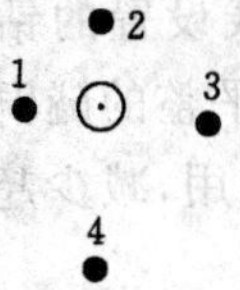	中空孔径 100～200mm，掏槽孔与中孔的间距一般为 100～400mm	—	—	—

直孔掏槽的优点是：孔深不受隧洞断面限制，可进行较深炮孔的爆破，加大一个掘进循环的进尺；便于凿岩台车钻孔或多台风钻同时钻孔；钻孔方向好掌握，操作方便；缺点是：掏槽体积小，需掏槽孔数较多。

(2)斜孔掏槽。斜孔掏槽是指掏槽孔方向与工作面斜交的掏槽方法，斜孔掏槽方式有锥形掏槽和楔形掏槽，如图 5-13 所示。

斜孔掏槽的优点是：所需掏槽孔数少，掏槽体积大，易将岩石抛出，有利于其他炮孔的爆破；缺点是：掏槽孔深度受到隧洞断面限制，因而影响到每个掘进循环的进尺。

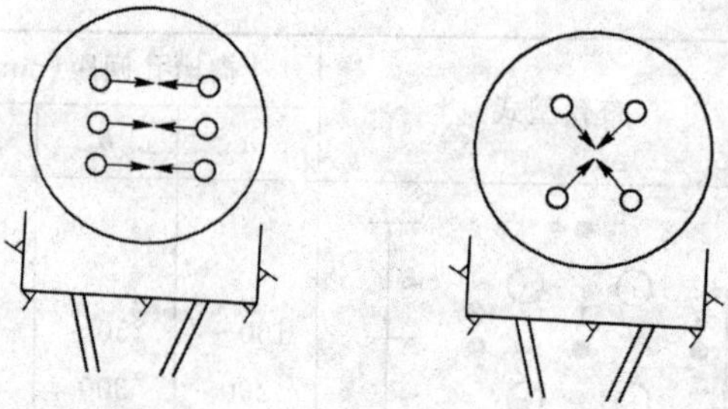

(a) 楔形掏槽　　(b) 锥形掏槽

图 5-13　各种斜孔掏槽

2. 崩落孔

布置在掏槽孔与周边孔之间的炮孔称为崩落孔，也称辅助孔。在掏槽孔起爆后，崩落孔由中心往周边逐层顺序起爆，是掏槽成型后扩大洞挖的主要手段，带有台阶爆破的性质。其作用是扩大掏槽孔炸出的槽腔，崩落开挖面上的大部分岩石，同时为周边孔创造临空面。

3. 周边孔

为控制开挖轮廓，沿着设计开挖边界线设置的钻孔称为周边孔，一般在断面炮孔中最后起爆。其作用是炸出较平整的隧洞断面轮廓，保证开挖断面的规格尺寸，减少爆破对围岩的破坏作用，减少超欠挖和衬砌工作量。周边孔的孔底应落在同一平面上。

(二)钻孔爆破的参数设计

1. 炮孔直径

炮孔直径对凿岩生产率、炮孔数目、单位体积耗药量和洞壁的平整程度均有影响，必须根据岩性、凿岩设备和工具、炸药性能等综合分析，合理选用孔径。

2. 炮孔深度

合适的炮孔深度有助于提高掘进速度和炮孔利用率。炮孔深度一般根据以下因素确定。

(1)围岩的岩性。

(2)凿岩机允许钻孔长度、操作技术条件和钻孔技术水平。

(3)掘进循环施工的要求。

3. 炮孔数量确定

确定其计算原则应是炮孔数量正好容纳一次爆破循环的总装药量，即

$$N=\frac{qsL}{L\alpha\gamma}=\frac{qs}{\alpha\gamma} \tag{5-2}$$

式中，N 为炮孔数量，不包括不装药的掏槽部位的空孔数；L 为炮孔长度，m；s 为开挖断面面积，m^2；α 为炮孔装药系数，即装药长度与炮孔全长的比值，可参考表 5-2；γ 为炸药的线装药密度，kg/m，可参考表 5-3。

表 5-2 炮孔装药系数 α 值

围岩类型 / 炮孔名称	Ⅰ	Ⅱ	Ⅲ	Ⅳ、Ⅴ
掏槽孔	0.65～0.80	0.60	0.55	0.50
崩落孔	0.55～0.70	0.50	0.45	0.40
周边孔	0.60～0.75	0.55	0.45	0.40

表 5-3 2 号岩石铵梯炸药的线装药密度值

药卷直径(mm)	32	35	38	40	45	50
γ(kg/m)	0.78	0.96	1.10	1.25	1.59	1.90

二、钻孔爆破循环作业

用钻孔爆破法开挖地下建筑物，通常从第一序钻孔开始，经过装药、爆破、通风散烟、出渣等工序，到开始第二序钻孔，作为一个隧洞开挖作业循环。

循环作业的主要工序一般有：钻孔准备、钻孔、装药、设备撤离、起爆、通风排烟、安全检查、临时支撑、出渣准备、出渣、延长运输线路和风水电管线等。由于洞室断面沿线变化不大，若无特殊地质问题，循环作业的工序基本稳定。因此在拟定施工措施计划时，制定循环作业图表，作为施工人员工作的依据，是提高效率、加强管理、降低成本的重要措施。

完成一次循环作业所需时间，通常按一班或一昼夜内完成一个或若干个循环来考虑，常采用 4h、6h、8h、12h 等。对于小断面洞室，可令班的循环次数为整数；对于大断面洞室，可令日循环次数为整数。

完成一次循环作业的进尺称为循环进尺。在确定循环进尺时，通常根据围岩条件、钻孔出渣设备的能力，初步选定进尺的深度，再计算钻孔、爆

破、出渣及支撑等各项工作的时间，然后按班或日循环次数为整数的原则，调整进尺，以维持正常班次的循环作业。

第三节 掘进机开挖岩体隧洞的施工

掘进机开挖是利用专用隧洞掘进机（Tunnel Boring Machine，TBM）通过旋转和推进圆形刀盘，并利用安装在刀盘上的滚刀群对岩石的挤压和滚切作用以破碎岩石，能连续进行掘进和出渣作业，使隧洞全段面一次成形的施工方法。

当隧洞长度过长，无开挖支洞及竖井条件时，用常规钻爆法进行隧洞施工将需要相当长的工期，隧洞掘进机法施工则可以省去钻孔爆破法所需要的钻孔、装药、爆破等工序，为隧洞开挖提供一种高效的掘进方法。

一、掘进机的类型

掘进机根据破碎岩石的方法，大致可分为两种类型。

（1）滚压式。主要是通过水平推进油缸，使刀盘上的滚刀强行压入岩体，并在刀盘旋转推进过程中，用挤压和剪切的联合作用破碎岩体。

（2）铣削式。利用岩石抗弯、抗剪强度低的特点（仅为抗压强度的 1/20～1/10），靠铣削（即剪切）加弯断破碎岩体。

现以上海水工机械厂制造的直径为 5.5m 滚压式掘进机为例，说明其构造与工作情况，如图 5-14 所示。

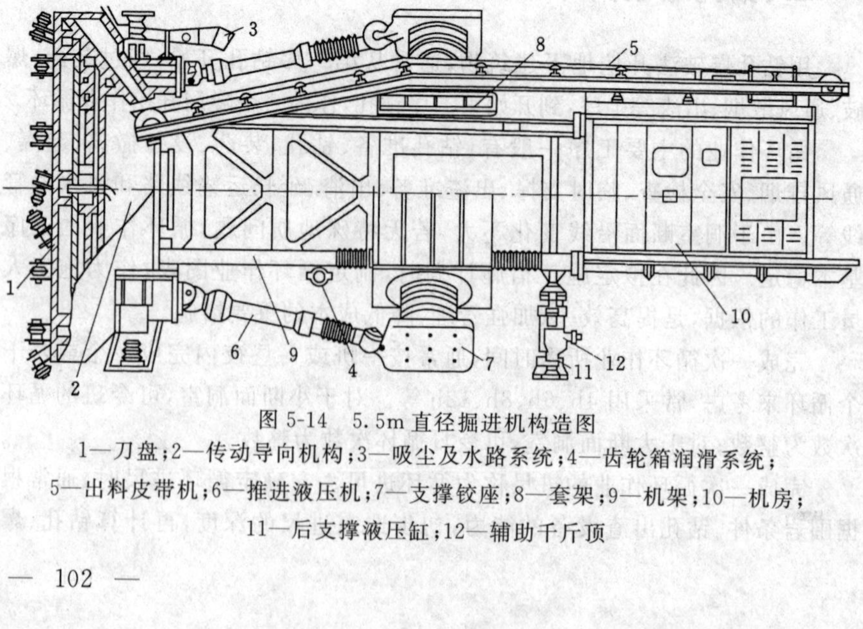

图 5-14 5.5m 直径掘进机构造图

1—刀盘；2—传动导向机构；3—吸尘及水路系统；4—齿轮箱润滑系统；5—出料皮带机；6—推进液压机；7—支撑铰座；8—套架；9—机架；10—机房；11—后支撑液压缸；12—辅助千斤顶

二、掘进机的工作原理

掘进机由刀盘、机架、推进缸、套架、支撑缸、皮带机及机房等组成。

刀盘上装有中心刀 3 把，正刀 33 把和边刀 8 把，三种刀具共计 44 把，按不同圆心距装在刀盘上。滚刀的刀刃是用九铬二钼合金钢制成，装在用钢板制成的刀架上。刀盘由固定在机架上的三台同步电机通过变速箱驱动，机架通过轴承与刀盘相连。掘进时，通过推进缸给刀盘施加压力，缸体另一端铰接在支撑脚座上。刀盘前进时带动全部机架一起在套架中间向前滑动。推进缸的最大行程为 1.0m，但一般工作时，推进缸每推进 0.92m，即完成一个循环行程。套架完成 0.92m 行程后，再向支撑缸重新压油，使脚座和洞壁撑紧，松开机架尾部的支撑后，继续使掘进机向前推进，进行下一个循环掘进。

第四节 施工期围岩稳定与锚喷支护

地下洞室的开挖及形成，改变了围岩的原有应力场及边界条件，并在一定程度上影响围岩的力学性能，导致洞室变形。严重时出现掉块甚至坍塌等现象。因此，围岩的稳定是决定地下工程施工成败的关键问题之一。

锚喷支护是喷混凝土支护、锚杆支护、喷混凝土锚杆支护、喷混凝土锚杆钢丝网支护等不同支护形式的统称，是地下工程施工中对围岩进行保护与加固的主要技术措施。对于不同地层条件、断面大小和不同用途的地下洞室都表现出较好的适用性。合理应用可最大限度地发挥围岩的自承能力，也是新奥地利隧道工程法(新奥法)的主要支护措施。

锚喷支护技术有很多类型，包括单一的喷混凝土或锚杆支护，喷混凝土、锚杆(索)、钢筋网、钢拱架等分别组合而成的多种联合支护。锚喷支护具有显著的技术经济优势，根据大量工程的统计，锚喷支护较之传统的模注混凝土衬砌，混凝土用量减少 50%，用于支承及模板的材料可全部节省，出渣量减少 15%～25%，劳动力节省 50%，造价降低 50%左右，施工速度加快一倍以上，同时因其良好的力学性能与工作特性，对围岩的支护更合理更有效。

喷锚支护既可以作临时支护，也可以作永久支护。它适用于各种地质条件、不同断面大小的地下洞室，但不适用于地下水丰富的地区。

一、围岩压力理论与围岩稳定

地下洞室开挖后产生的围岩失稳，与围岩压力密切相关。围岩在围岩压力的作用下，发生的变形或破坏效应称为围岩失稳。

1)围岩压力理论的发展大致可以分为3个阶段：

(1)20世纪20年代以前主要是古典的压力理论阶段。这类理论认为，作用在支护结构上的压力等于上覆岩层的重量。代表性理论有海姆(Haim，A)、郎金(Rankine，W・J・M)等，其不同之处在于他们对水平压力的侧压系数有不同的理解。

(2)20实际20年代至60年代的松散体理论阶段。随着开挖深度的增加，越来越多地发现，古典压力理论不符合实际情况，于是又出现了散体压力理论。这一理论是把岩体视作松散体，认为作用在支护结构上的荷载是围岩塌落拱内的松动岩体重量。

(3)20世纪60年代以后发展起来的支护与围岩共同作用的现代支护理论。逐渐形成了以岩体力学原理为基础的，以锚喷支护为代表的，考虑支护与围岩共同作用的现代支护理论。

2)由于围岩本身的工程地质条件各异，围岩在围岩压力的作用下失稳的形式也有很大的不同，主要有如下几种类型：

(1)破裂。洞室开挖以后，在完整的硬脆性围岩中，当重分布应力超过了岩体的强度，则在应力不利位置将发生开裂、剪断或剥离等互补破坏现象，称为破裂。

(2)掉块或滑移。在裂隙发育或较发育的硬脆性围岩中，岩体常常被分化性结构面分割成大大小小、形态各异、空间位置和方向不同的块体。这些块体在不利因素的作用下发生滑移或坠落，从而围岩失稳。

(3)岩爆。在高应力地区的完整、硬脆性围岩中开挖洞室时，围岩中储存了大量的应变能。完整的岩石在开挖或其他因素的诱导下岩体应变能集中释放，突然爆裂或弹射，发出巨大声响，即为岩爆。岩爆是一种剧烈的围岩失稳现象。

(4)大变形。在软岩、膨胀性岩层或夹有软岩的层状岩层中进行洞室开挖时，围岩在地应力的作用下发生塑性变形，向临空面膨胀或挤出。大变形是一种明显的围岩失稳现象。

(5)坍塌。当洞室在松散的堆积土层中施工时，或隧洞穿过断层破碎带、岩溶等碎裂松散岩层时，围岩发生松动、垮塌或坍塌的现象称为坍塌。坍塌是一种严重的围岩失稳现象，大规模的坍塌即为塌方。

二、锚杆支护及其施工工艺

锚杆是用金属或其他高抗拉性能材料制作的杆状构件,配合使用某些机械装置,按一定施工工艺,将其锚固于地下洞室围岩的钻孔中,起到加固围岩、承受荷载、阻止围岩变形的目的。

在工程中,按锚杆与围岩的锚固方式,基本上可分为集中锚固和全长锚固两类。

楔缝式锚杆和胀壳式锚杆是属于集中锚固的两种锚杆,如图 5-15(a)、(b)所示。它们是由锚杆端部的楔瓣或胀圈扩开以后所提供的嵌固力而得到锚固的。

全长锚固的锚杆有砂浆锚杆和树脂锚杆等,如图 5-15(c)、(d)、(e)、(f)、(g)所示,它们是由水泥砂浆或树脂在杆体和锚孔间所提供的摩擦力和黏结力而得到锚固的。全长锚固的锚杆由于锚固可靠耐久(这在松软岩体中效果尤为显著),工程建设中运用较多。

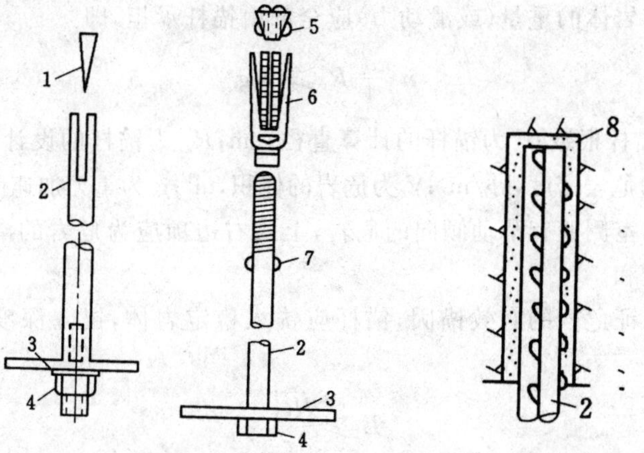

(a) 楔缝式锚杆　(b) 胀壳式锚杆　(c) 螺纹或竹节钢筋砂浆锚杆

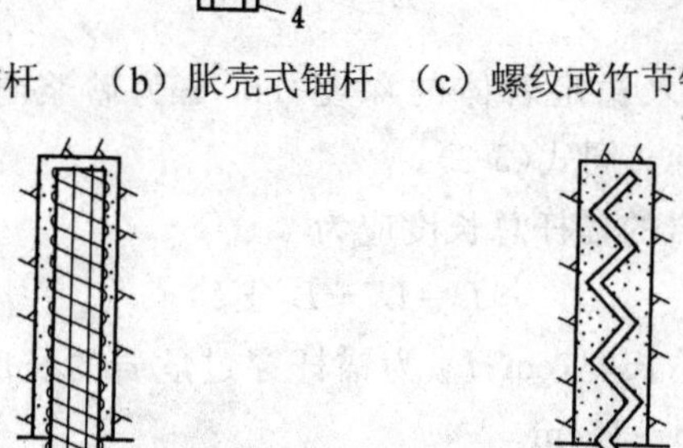

(d) 中空螺纹或竹节钢筋砂浆锚杆　(e) 波浪形钢筋砂浆锚杆

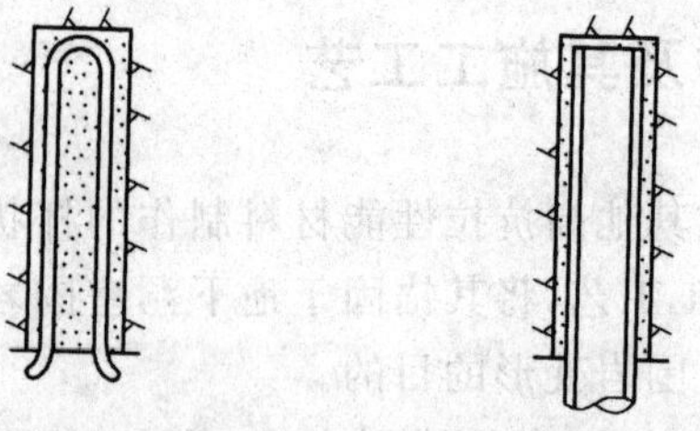

（f）倒U形钢筋砂浆锚杆　　（g）钢管砂浆锚杆

图 5-15　锚杆的类型

1—楔块；2—锚杆；3—垫板；4—螺帽；5—锥形螺帽；
6—张圈；7—突头；8—水泥砂浆或树脂

根据围岩变形与破坏的特性，从发挥锚杆不同作用考虑，锚杆在洞室的布置有局部（随机）锚杆和系统锚杆。

1. 局部（随机）锚杆

主要用来加固危石，防止掉块。锚杆参数按悬吊理论计算。悬吊理论认为不稳定岩体的重量（或滑动力）应全部由锚杆承担，即

$$n\frac{\pi d^2}{4}R_g \geqslant \gamma V g \tag{5-3}$$

式中，n 为锚杆根数；d 为锚杆的计算直径，cm；R_g 为锚杆的设计抗拉强度，N/cm^2；γ 为危岩密度，kg/m^3；V 为危岩的体积，m^3；g 为重力加速度，m/s^2。

对于洞室侧壁有滑动倾向的危岩，上式右边项应为危岩的滑动力和抗滑力的代数和。

为了保证危岩的有效锚固，锚杆应锚入稳定岩体，锚入深度应满足下式要求：

$$L_1 \geqslant \frac{dR_g}{4\tau} \tag{5-4}$$

式中，L_1 为锚杆锚入稳定岩体的深度，cm；τ 为砂浆与锚杆的黏结强度，N/cm^2；其余符号意义同式(5-3)。

因此，加固危岩的锚杆总长度应为

$$L = L_1 + L_2 + L_3 \tag{5-5}$$

式中，L 为锚杆的总长度，cm；L_2 为锚杆穿过危岩的长度，cm；L_3 为锚杆外露的长度，一般取 5～15cm。

2. 系统锚杆

一般按梅花形排列，连续锚固在洞壁内。它们将被结构面切割的岩块

串联起来，保持和加强岩块的联锁、咬合和嵌固效应，使分割的围岩组成一体，形成一连续加固拱，提高围岩的承载能力。

系统锚杆不一定要锚入稳定岩层。当围岩破碎时，用短而密的系统锚杆，同样可取得较好的锚固效果。

第五节　现浇混凝土衬砌施工

混凝土衬砌施工，由于在地下进行，与地面敞开的混凝土施工有很大的不同，隧洞混凝土衬砌应根据地质条件，隧洞长度，断面大小及工期要求等因素确定。

一、平洞衬砌混凝土的分缝分块

平洞一般较长，由于结构设计要求和施工能力的限制，一般在纵断面上分段和在横断面上分块进行混凝土浇筑，这就是分缝分块。

(一)平洞衬砌的分缝分段及浇筑顺序

平洞由于很长，纵向通常要分段进行浇筑。当结构上设有永久伸缩缝时，可以利用永久缝分段；当永久缝间距过大或无永久缝时，是应设环向施工缝分段。浇筑分段长度视平洞断面大小、围岩约束特性以及施工浇筑能力而定，一般为6～12m。

分段确定后，为争取分段浇筑混凝土的连续性，常采用的浇筑顺序有如下几点。

1. 跳仓浇筑

如图5-16(a)所示，按分段编号，先浇①、③、⑤、…段，后浇②、④、⑥、…段。

2. 分段流水浇筑

如图5-16(b)所示，将全洞分成若干个大段(Ⅰ、Ⅱ、Ⅲ、…)；每个大段又分成若干个小段(①、②、③、…)；按照一定的次序组织流水施工。如先浇①、④、⑦、…段，再浇②、⑤、⑧、…段，最后浇③、⑥、⑨、…段。

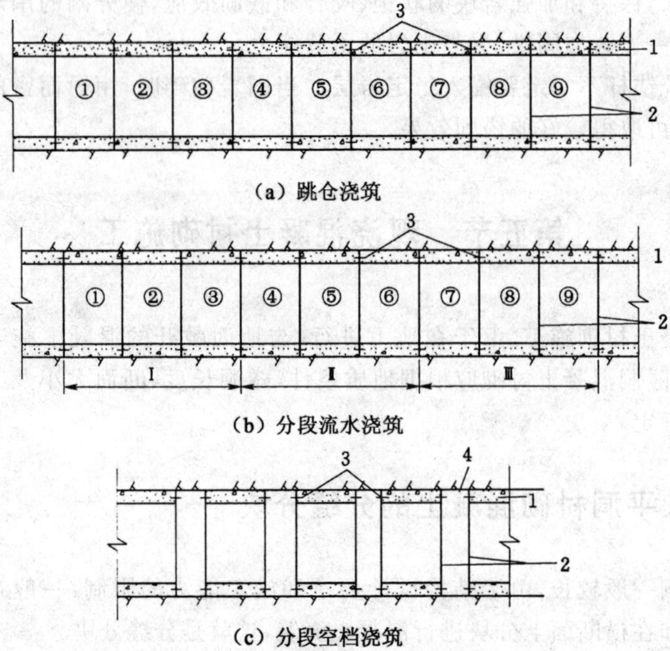

图 5-16　平洞衬砌分段浇筑顺序

Ⅰ、Ⅱ、Ⅲ、…—大段序号;①、②、③、…—小段序号

1—衬砌混凝土;2—段间分缝;3—止水;4—空档

3. 分段留空档浇筑

如图 5-16(c)所示,在浇筑段之间预留空档,相邻浇筑段的施工互不干扰,有利于及时大面积做好衬砌,可防止围岩风化、掉块和塌落。

当地质条件较差时,可采用肋拱肋墙法施工,这是一种开挖衬砌交替进行的跳仓浇筑法。对于无压平洞,结构上按允许开裂设计,也可采用滑动模板连续施工的方法进行浇筑,以加快衬砌施工,但施工工艺必须严格控制。

(二)平洞衬砌的分缝分块及浇筑顺序

衬砌施工在横断面上可以一次浇筑,也可设置纵向施工缝分块浇筑,主要取决于施工设备、技术条件和断面大小。分缝界面常设在衬砌结构的转折点附近,或结构内力较小的部位,如图 5-17 所示。纵向施工缝必须进行凿毛处理。

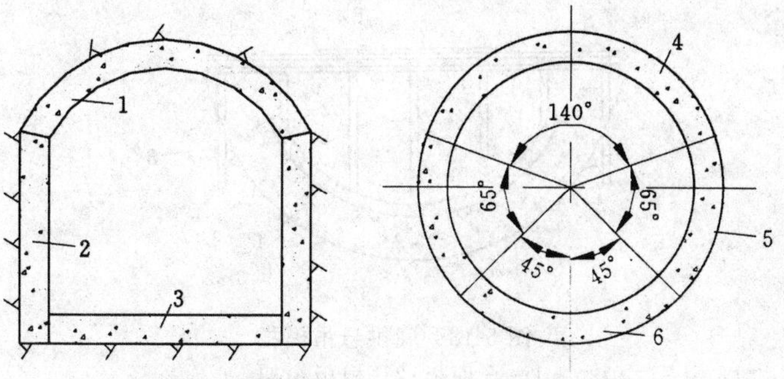

(a) 圆拱直墙形断面　　(b) 圆形断面

图 5-17 平洞衬砌分块

1、4—顶拱；2—边墙；3—底板；5—边拱；6—底拱

横断面上浇筑的顺序一般是先浇底拱(底板)、边拱(边墙),后浇顶拱。在地质条件较差时,要求先浇顶拱,后浇边拱和底拱。当为了满足开挖与衬砌平行作业的要求时,在洞底还未清理成型前,应先浇好边拱和顶拱,最后浇筑底拱。

为保证横断面衬砌结构的整体性,缝面应设置键槽和适当布置插筋。受力钢筋应直接通过缝面,且在分缝处不得切断。浇筑混凝土前,缝面应凿毛清洗,以利结合。

二、平洞衬砌混凝土的浇筑

(一)模板架立

在模板架立和混凝土浇筑之前,要作好一切准备工作,例如:修帮、清渣、搭设脚手架、预埋仪器、钢筋绑扎等工作。

1. 底板(底拱)立模

当底拱中心角不大,比较平缓时,可只架设两边端头模板,不用表面模板,在混凝土浇筑后,用弧形板将表面刮成圆弧即可;当中心角较大时,一般采用悬吊模板,如图 5-18 所示,施工时先立端部模板,再立弧形模板的桁架,然后随着混凝土的浇筑,逐渐自中间向两旁安悬吊模板。

2. 边拱(边墙)、顶拱立模

边拱(边墙)、顶拱立模常用桁架式模板,桁架材料常用木结构或钢结构。地下工程中比较常用的是钢木混合模板,如图 5-19 所示。

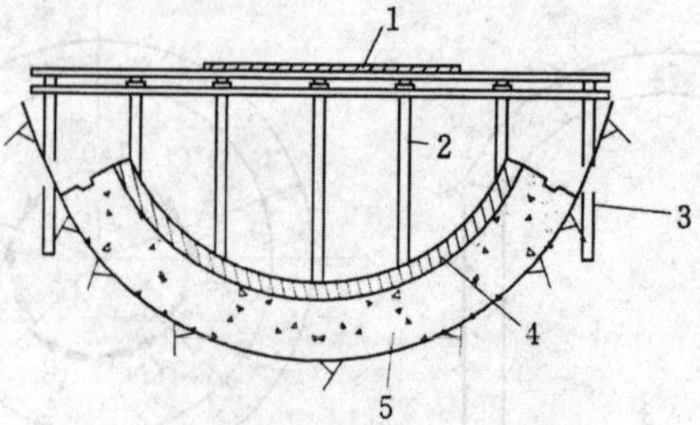

图 5-18　底拱悬吊模板
1—仓面板；2—模板桁架；
3—桁架支柱；4—弧形模板；5—已浇混凝土

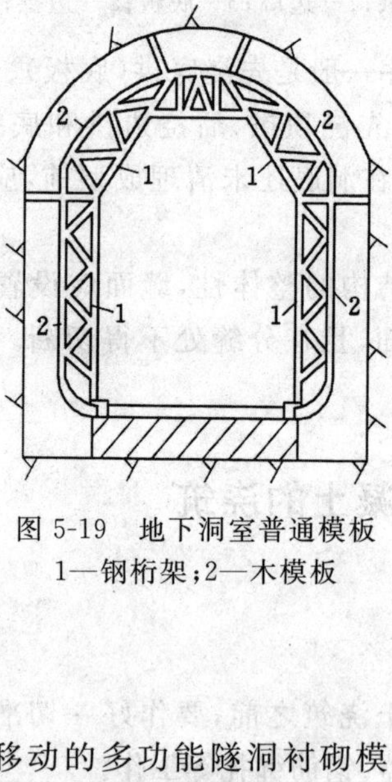

图 5-19　地下洞室普通模板
1—钢桁架；2—木模板

3. 隧洞钢模台车

钢模台车是一种可移动的多功能隧洞衬砌模板车。根据需要它可作顶拱钢模、边拱(墙)钢模以及全断面钢模使用。

(二)衬砌的浇筑和封拱

衬砌混凝土浇筑之前，应作好修帮、清渣、清洗、立模、安绑钢筋和预埋管件等工作。

1. 泵送混凝土浇筑

混凝土泵浇筑，多用于顶拱和边拱(边墙)。混凝土泵的导管可铺设在地面或工作平台上，在进入浇筑段时，才升高到模板上面。依靠混凝土泵的连续压送，将混凝土浇入仓内。

为保证泵送混凝土施工的正常进行，须注意：①泵送混凝土的骨料最大粒径，一般不超过导管内径的40％，宜选用二级配骨料；②坍落度宜采用10～18cm，使用中途停泵时间不得超过40min，如停泵时间超过了40min，应每隔5min启动活塞往复2～3次，以避免管道由于混凝土凝结而阻塞；③管道端部应尽量布置在高处，以便增加浇筑范围，但要估算垂直管的折合长度(相当于水平管段运送长度)。

2. 衬砌封拱

平洞的衬砌封拱，是在混凝土浇筑即将完毕前，将拱顶未充满混凝土的空隙和预留的进出窗口予以封堵回填。封拱方法多采用封拱盒法和混凝土泵封拱。

封拱盒封拱(图5-20)，先将混凝土料从盒侧活门转入，再用千斤顶顶起活动封门板，将盒内混凝土压入待封部位即完成。

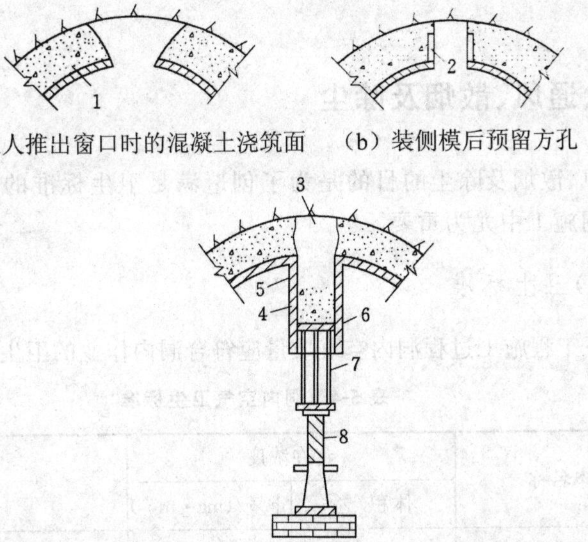

(a) 工人推出窗口时的混凝土浇筑面　(b) 装侧模后预留方孔

(c) 用封拱盒封拱

图5-20　封拱盒封拱示意图

1—已浇混凝土；2—模框；3—封拱部分；4—封拱盒；5—进料活门；6—活动封口板；7—顶架；8—千斤顶

混凝土泵尾管封拱(图5-21)。在混凝土泵导管末端接上短的冲天尾管，垂直穿过模板伸入仓内。在仓内岩面最高处设置排气管，在仓的中央部位设置进人孔，以便进入仓内进行必要的辅助工作和检查拱顶充填情况。

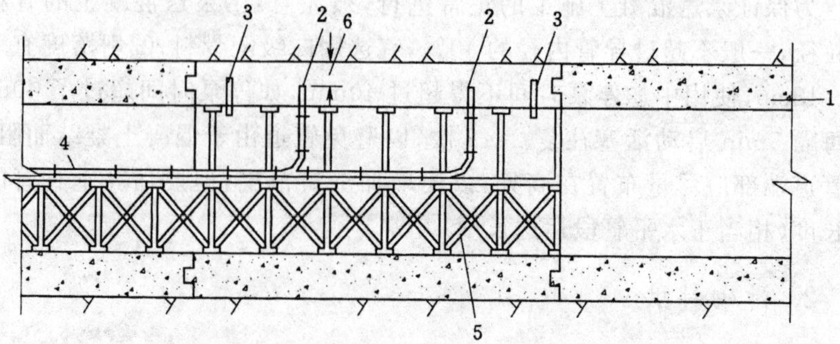

图 5-21　混凝土泵封拱示意图

1—已浇段；2—冲天尾管；3—通气管；4—导管；5—脚手架；6—尾管出口与岩面距离

第六节　地下工程施工的辅助作业

一、通风、散烟及除尘

通风、散烟及除尘的目的是为了创造满足卫生标准的洞内工作环境，这在长洞施工中尤为重要。

(一)卫生标准

地下工程施工过程洞内空气质量应符合洞内作业的卫生标准，见表 5-4。

表 5-4　洞内空气卫生标准

气体名称	允许浓度		附注	
	体积/%	重量/($mg \cdot m^{-3}$)		
氧气(O_2)	≥20		一氧化碳的最高容许浓度与作业时间	
二氧化碳(CO_2)	≤0.5		作业时间	最高容许浓度
甲烷(CH_4)	≤1		1h 以内	50
一氧化碳(CO)	≤0.0024	≤30	0.5h 以内	100
氮氧化合物换算成二氧化氮(NO_2)	≤0.0025	≤5	15～20min	200

续表

气体名称	允许浓度		附注
	体积/%	重量/(mg·m^{-3})	
二氧化硫(SO_2)	≤0.0005	≤15	反复作业时间的间隔应大于2h以上
硫化氢(H_2S)	≤0.00066	≤10	
醛类(丙烯醛)		≤0.3	
含有10%以上游离二氧化硅的粉尘		2	含有80%以上游离SiO_2的生产粉尘不宜超过1mg/m^3
含有10%以下游离二氧化硅的水泥粉尘		6	
含有10%以下游离二氧化硅的其他粉尘		10	

同时,要求洞内的气温不能超过28℃,并且洞内的风速也需满足表5-5中的规定。

表5-5 洞内温度与风速的关系

温度(℃)	<15	15~20	20~22	22~24	24~28
风速(m/s)	<0.5	0.5~1.0	1.0~1.5	1.5~2.0	>2.0

(二)通风方式

洞内通风方式有自然通风和机械通风两种。自然通风方式不设置专门的通风设备,利用开挖空间内外的自然空气自然对流进行通风。自然通风只适用在长度不超过40m的短洞。实际工程中多采用机械通风。

机械通风的基本形式有压入式、吸出式和混合式三种(图5-22)。

1. 压入式通风

压入式通风是通过风管将新鲜空气直接送到工作面附近,使污浊空气冲淡,并经由洞身排至洞外。风管的端部与工作面的距离一般不宜超过$6\sqrt{S}$m,S为以平方米计的开挖面面积。此法的优点是施工人员比较集中的工作面附近能够很快地获得新鲜空气;缺点是污浊空气容易扩散到整个洞室。

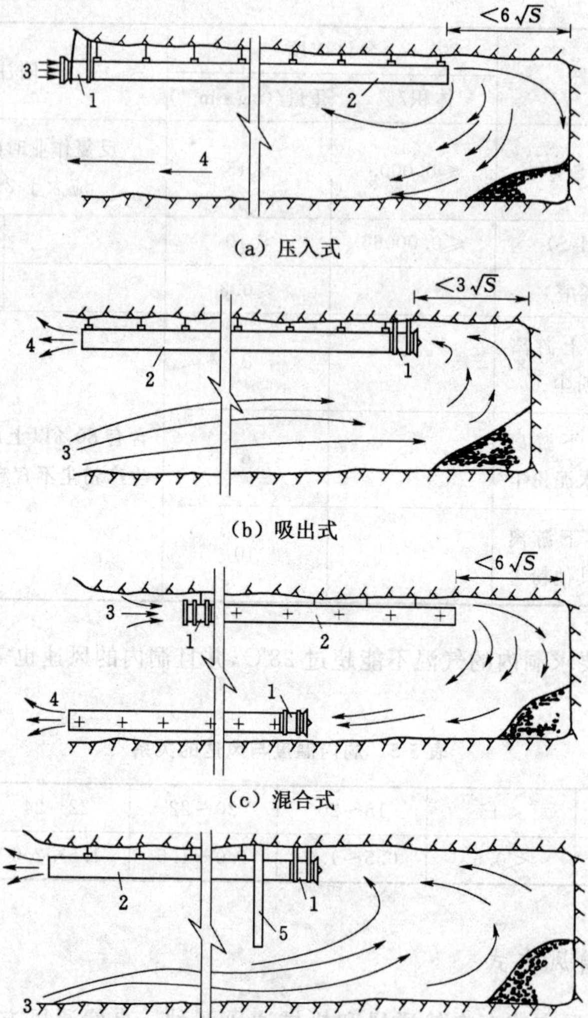

图 5-22　机械通风方式

1—风机；2—风筒；3—新鲜空气；4—污浊空气；5—幕帘

2. 吸出式通风

吸出式通风是通过风管将工作面前的污浊空气吸走并排至洞外，新鲜空气则由洞口流入洞内。此法的优点是工作面处的污浊空气能在较短时间内经由管路吸出，避免了沿整个洞室流通扩散；缺点是新鲜空气流到工作面比较缓慢，且易遭污染，对较长的平洞尤为明显。

3. 混合式通风

混合式通风是在经常性供风时用压入式，爆破后进行定期通风时用吸出式，将上述两种方式结合起来使用，以充分发挥它们各自的优点。该方法既能消除工作面的炮烟停滞区，又能使炮烟由风管排出，适用于长、大洞井的通风。

（三）通风量计算

1. 施工人员所需的通风量

$$Q=mq \tag{5-6}$$

式中，Q 为通风量，m^3/min；m 为同时在洞内工作的最多人数；q 为每人所需的通风量，取 $3m^3/min$。

2. 冲淡有害气体的通风量

$$Q=\frac{AB}{(1000\times0.02\%)t}=\frac{5AB}{t}=10A \tag{5-7}$$

式中，A 为工作面上同时爆破的最大炸药量，kg；B 为每千克炸药产生的一氧化碳气体量，按 40L 计算；1000 表示 $1m^3$ 等于 1000L；0.02%为爆破后连续通风使一氧化碳浓度降至 0.02%时，即可进入工作面工作；t 为通风时间，可采用 20min。

二、供风、防尘、防噪

（一）供风

在地下工程施工过程中，除了要通风散烟、除尘外，还需要向工作面常规供风，以保证正常的施工环境。

应根据工程规模设置供风系统，空压机站应设有备用容量，一般按总容量的 30%配置，但不宜小于其中最大一台空压机的容量；使用单独的空压机站时，应按同时作业的最大用风量确定，并计入风量损失。

（二）防尘

除了加强通风除尘外，还要重视对施工粉尘的控制：湿钻凿岩、压力水冲洗洞壁、爆破后喷雾降尘、出渣前对石渣喷水防尘等都是降低空气中粉尘含量行之有效的措施。要配备防尘器材，做好个人防护措施。洞内施工严禁使用汽油发动机，使用柴油机时，宜加设废气净化装置，以改善洞内空气的污染。

（三）防噪声

根据国家有关规程规范规定，作业地点噪声标准为 85dB，当超过时应采取防护或消音措施，否则要减少接触噪声时间。

防护或消噪声措施主要有：采用有隔音操作室的凿岩台车、装岩设备；采用液压凿岩机，降低低频噪声；在高噪声作业地点工作时，佩戴口耳罩等。

第六章　闸门及启闭设备施工技术

闸门是水工建筑物的重要组成部分之一，通常设置在取水输水建筑物的进、出水口等位置，利用闸门灵活可靠地启闭来发挥它们的功能。启闭设备作为闸门的一部分，用于操作门叶的移动，达到开启、关闭洞口的目的。

第一节　平面钢闸门

一、平面闸门的结构布置

（一）平面闸门的结构布置原则

平面闸门梁格宜采用等高连接，并应考虑制造、运输、安装和防腐等方面的要求。平面闸门可按孔口形式及宽高比布置成双主梁或多主梁形式。主梁布置应考虑下列因素：

(1)主梁宜按等荷载要求布置。

(2)主梁间距应适应制造、运输和安装的条件。

(3)主梁间距应满足行走支承布置的要求。

(4)底主梁到底止水的距离应符合底缘布置的要求。

（二）南水北调中线退水闸金属结构布置形式

在南水北调中线工程总干渠控制工程中，退水闸主要是担负事故、检修时退水，功能是保证建筑物和渠道安全而退泄渠水，因此退水闸的结构布置采用闸底板高程同总干渠底部高程，设计流量为所处渠段设计流量的50%，闸前设计水位及加大水位同总干渠设计水位及加大水位。退水闸的设计工况为闸门全开或全关，未考虑局部开启过流的工况。

南水北调中线一期工程于2014年12月12日建成通水以来，工程安全平稳运行，沿线水质明显改善。但是随着中线工程后期调水量增加，水资源短缺日益凸显。分析利用退水闸作为资源性供水的必要性和可行性，就显得尤为重要。由于规划退水闸工作闸门运行方式没有控泄要求，长期小开度运行对工作闸门可能产生不利影响，对闸门小开度供水安全进行分析尤为必要。

总干渠退水闸规划功能是保证建筑物和渠道安全而退泄渠水。其中潜孔式退水闸 10 座，开敞式退水闸 44 座。退水闸均为 1 孔闸，工作闸门分为露顶式平面定轮钢闸门和潜孔式平面定轮钢闸门两种型式。闸门操作运用方式为动水启闭，启闭设备均选用固定卷扬式启闭机，一门一机布置。退水闸闸门布置图见图 6-1 及图 6-2。

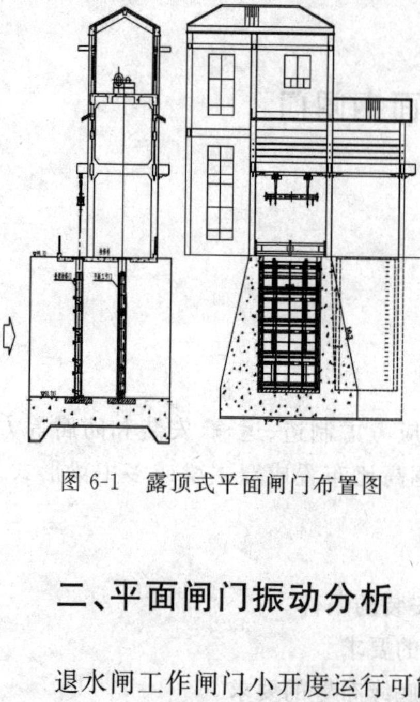

图 6-1　露顶式平面闸门布置图

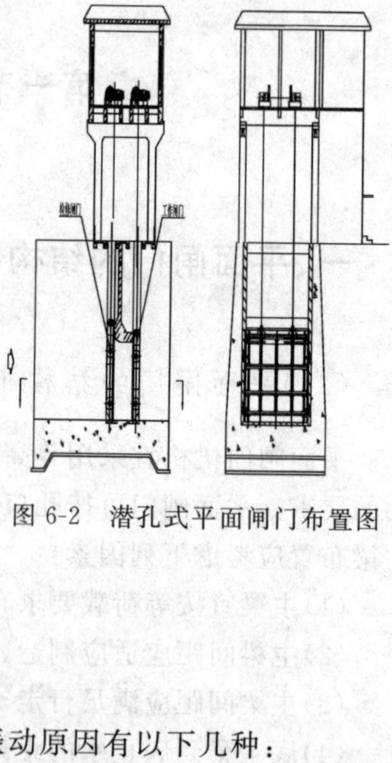

图 6-2　潜孔式平面闸门布置图

二、平面闸门振动分析

退水闸工作闸门小开度运行可能产生振动原因有以下几种：

1. 过流方式与闸门震动

平面闸门启闭过程中应避免闸门双层过水，若门槽底部和闸门顶部同时过水，会形成复杂的紊流，易使闸门产生振动和门槽空蚀。

潜孔式平面闸门小开度启闭过程中，应保持顶止水橡皮与门楣埋件接触。上游止水的闸门启门过程中顶止水橡皮脱离门楣处预埋止水座板，较小的漏水缝隙产生门顶射流，这部分水流将直接冲击闸门结构，诱发闸门振动。所以上游止水的平面闸门开启时应迅速的扩大闸门顶止水和胸墙之间的间隙，以减少射流的冲击。

图 6-3 所示总干渠退水闸潜孔式工作闸门止水型式为上游止水，当闸门开度＞250mm 时，门顶和门底同时过水。

图 6-3 潜孔式平面闸门门顶和底部同时过水

2. 淹没出流的水跃引起平面闸门振动

在闸后淹没水流条件下开启或者关闭闸门，门后将产生不稳定的水跃。对经常局部开启的工作闸门，应保持门后明流及充分通气。在闸门后水跃不可避免时，应提高闸门启吊构件及支承结构的刚度，以及在可能条件下增加阻尼。

总干渠退水闸闸后均为明流，闸门下游不会产生不稳定水跃。沙河退水闸闸后流态水流平稳如图 6-4 所示。

图 6-4 沙河退水闸工作闸门闸后水流平缓

3. 止水漏水引起平面闸门振动

止水漏水引起闸门振动是最常见原因。潜孔式闸门止水与安装误差的高门楣间存在缝隙，就会导致阵发性的喷射漏水现象发生，从而在缝隙之间形成水锤压力波并伴有动水压力振动现象。闸门振动在形式上表现为顺水流方向上出现大幅振动，并且通常都是在闸门具有较大开度的时候出现。该种特殊振动的危害性通常情况下比仅有止水漏水现象导致的振动要大。有效地防振与减振方法其核心要义就是要降低缝隙间由于水流导致的水锤与动水压力，以减小缝隙水流加速度和缝隙的长度，达到减振的效果。

当平面闸门工作在挡水情况时，止水漏水所导致的振动，一般情况下会导致闸门面板振动现象以及上游侧较小的振动。所以为了获得良好的止水目的，通常底止水橡皮在预压缩量方面留有 5～10mm 的余量，依靠门体自身的重量来达到止水的目的。南水北调中线工程退水闸工作闸门底止水橡皮预压缩量 10mm，闸门应避免在＜10mm 开度停留。安装在渠道中的平面闸门底侧止水连接处封水出现漏水现象时将导致振动现象的发生。

对于仅由漏水引起的止水振动，在工程实践上一般采取改善止水结构，消除漏水间隙，闸门振动可得到解决。

4. 平面闸门底缘型式的影响

平面闸门底部通常布置有底次梁和底主梁，闸门小开度会影响水流通过面板后的出流通气，若闸门底缘型式设计不合理，一方面导致较大的动水下吸力（或上托力），另一方面会恶化水力条件，引起负压和空蚀，导致闸门振动的发生。根据规范，退水闸工作闸门底缘型式见图 6-5，基本满足下游倾角 30°要求，且底主梁均设有排水孔，满足设计要求。

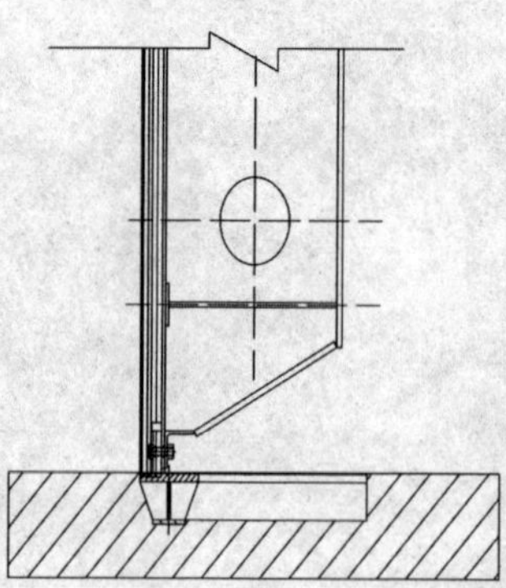

图 6-5　总干渠退水闸工作闸门底缘型式

5. 通气孔尺寸过小的影响

潜孔式平面闸门能够保证较为充分的通气性是有效降低振动和空蚀现象出现的方法。通气孔的合理布置和设计，将有效降低动水压力脉动值，从而确保闸后水流的稳定性。如果门后不能充分通气时，应在紧靠闸门下游处顶部设置通气孔。

退水闸工作闸门门后均为明流，不存在通气孔尺寸过小引起闸门振动和空蚀的现象。

6. 水流作用力引起平面闸门振动

水流作用力通常表现为随机荷载，其内在的水流脉动压力不会导致闸门剧烈振动。当闸门处于明、满流交替状态下，产生的旋辊使闸门产生剧烈振动。闸门相对开度40%～54%的范围正处于洞内明、满流过渡阶段，故不允许闸门在明、满流过渡的开度下作长期调节运用。

退水闸工作闸门闸后直接接退水明渠，不存在明、满流过渡阶段，故在正常情况下水流作用力不会引起工作闸门振动。

7. 开度变化等引起闸门振动

一定边界条件下闸门在某一开度时发生振动；或者同一类型的闸门在相同的运用条件下，由于外因（如边界水流条件、门槽安装施工的缺陷、水头变化以及操作运用等）和内因（如闸门结构、止水底缘以及零件的磨损等）的差异，各扇闸门的振动程度也不相同。目前大多侧重于进行原型观测，即当闸门出现振动时，及时调整开度，避开振动区域。水工钢闸门允许振幅见表6-1。若共振及结构应力、应变在设计范围，闸门可作局部开启。

表6-1　水工钢闸门允许振幅

平均振动位移/mm	振动危害程度
0～0.0508	忽略不计
0.0508～0.2540	微小
0.2540～0.5080	中等
>0.5080	严重

三、平面闸门门槽空蚀分析

平面闸门须设置影响水流流态的门槽，特别在水头较高的情况下，门槽的存在极易造成局部压力减小，导致门槽及其附近的边墙或底板上发生空蚀破坏，危害工程的安全运行。合理设计门槽形式，并确定门槽的初生空化数和不同工况下的水流空化数。当水流空穴数 $K>1$（或设计水头低于 30m)时,门槽将不产生空化。

以南水北调中线工程沙河退水闸工作闸门为例,各级流量下的门槽处空蚀计算结果见图 6-6 及表 6-2。

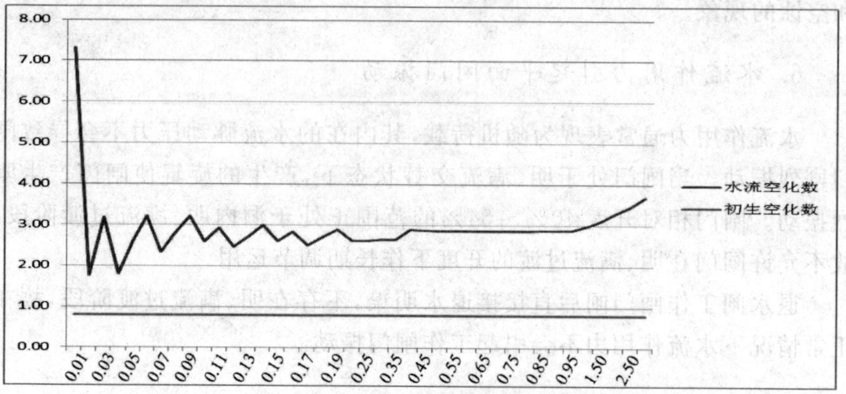

图 6-6 沙河退水闸工作闸门门槽处水流空化数计算成果图

表 6-2 沙河退水闸工作闸门门槽处水流空化数计算成果表

序号	闸室						
	闸前水深/m	闸孔宽度/m	闸门开度/m	泄流量/(m³·s)	收缩水深/m	相应流速/(m·s)	门槽处空化数
1	7.691	6	0.01	0.43	0.01	7.17	6.76
2	7.691	6	0.02	0.86	0.01	14.33	1.69
3	7.691	6	0.03	1.29	0.02	10.75	3.00
4	7.691	6	0.04	1.72	0.02	14.33	1.69
5	7.691	6	0.05	2.15	0.03	11.94	2.43
6	7.691	6	0.06	2.58	0.04	10.75	3.00
7	7.691	6	0.07	3.00	0.04	12.50	2.22
8	7.691	6	0.08	3.43	0.05	11.43	2.65
9	7.691	6	0.09	3.86	0.06	10.72	3.02
10	7.691	6	0.10	4.29	0.06	11.92	2.44
11	7.691	6	0.11	4.71	0.07	11.21	2.76
12	7.691	6	0.12	5.14	0.07	12.24	2.32
13	7.691	6	0.13	5.56	0.08	11.58	2.59

续表

序号	闸室						
	闸前水深/m	闸孔宽度/m	闸门开度/m	泄流量/(m^3·s)	收缩水深/m	相应流速/(m·s)	门槽处空化数
14	7.691	6	0.14	5.99	0.09	11.09	2.82
15	7.691	6	0.15	6.42	0.09	11.89	2.45
16	7.691	6	0.16	6.84	0.10	11.40	2.67
17	7.691	6	0.17	7.26	0.10	12.10	2.37
18	7.691	6	0.18	7.69	0.11	11.65	2.56
19	7.691	6	0.19	8.12	0.12	11.28	2.73
20	7.691	6	0.20	8.53	0.12	11.85	2.47
21	7.691	6	0.25	10.65	0.15	11.83	2.48
22	7.691	6	0.30	12.75	0.18	11.81	2.49
23	7.691	6	0.35	14.85	0.21	11.79	2.50
24	7.691	6	0.40	16.95	0.25	11.30	2.72
25	7.691	6	0.45	19.03	0.28	11.33	2.70
26	7.691	6	0.50	21.11	0.31	11.35	2.69
27	7.691	6	0.55	23.18	0.34	11.36	2.69
28	7.691	6	0.60	25.24	0.37	11.37	2.68
29	7.691	6	0.65	27.25	0.40	11.35	2.69
30	7.691	6	0.70	29.29	0.43	11.35	2.69
31	7.691	6	0.75	31.33	0.46	11.35	2.69
32	7.691	6	0.80	33.36	0.49	11.35	2.69
33	7.691	6	0.85	35.38	0.52	11.34	2.70
34	7.691	6	0.90	37.39	0.55	11.33	2.70
35	7.691	6	0.95	39.40	0.58	11.32	2.71
36	7.691	6	1.00	41.40	0.61	11.31	2.71
37	7.691	6	1.50	60.99	0.93	10.93	2.90
38	7.691	6	2.00	79.85	1.24	10.73	3.01
39	7.691	6	2.50	98.14	1.56	10.49	3.16
40	7.691	6	3.00	115.56	1.90	10.14	3.38

通过计算，总干渠加大流量对应工作闸门各开度工况下，门槽处水流空化数均大于初生空化数，不会产生空蚀。

四、平面闸门启闭力的计算

平面闸门的启闭力计算中，一般先计算出闭门力，确定是否需要加重。对于动水开启的闸门应计算启门力，对于动水关闭静水开启的闸门还应计算持住力。

对于自重小的闸门，在闭门力的计算中，应充分考虑止水橡支预压力的摩阻力。

计算小型闸门的启闭力时，安全系数应适当加大。

（一）动水中启闭的闸门启闭力计算

1. 闭门力的计算

$$F_w = n_T(T_{zd} + T_{zs}) - n_G G + P_t \text{(kN)} \quad (6\text{-}1)$$

计算结果为"正"值时，需要加重（加重方式有加重块、水生或机械下压力等）；为"负"值时，依靠自重可以关闭。

2. 持住力计算

$$F_T = n'_G G + G_j + W_s + P_x - P_t - (T_{zd} + T_{zs}) \text{(kN)} \quad (6\text{-}2)$$

3. 启门力计算

$$F_q = n_T(T_{zd} + T_{zs}) + G_j + W_s + P_x + n'_G G \text{(kN)} \quad (6\text{-}3)$$

以上各式中，n_T 为摩擦阻力安全系数，可采用 1.2；n_G 为计算闭门力用的闸门自重修正系数，可采用 0.9～1.0；n'_G 为计算持住力启门力用的闸门自重修正系数，可采用 1.0～1.1；G 为闸门自重，kN，当有拉杆时应计入拉杆重量；计算闭门力时选用浮重；W_s 为作用闸门上的水柱压力，kN；P_t 为上托力，kN，包括底缘上托力及止水上托力；P_x 为下吸力，kN；T_{zd} 为支承摩阻力，kN；T_{zs} 为止水摩阻力，kN。

（二）静水中启闭的闸门启闭力

静水中开启的闸门，其启闭力计算除计入闸门自重和加重外，尚应考虑一定的水位差引起的摩阻力。露顶式闸门和电站尾水闸门，可采用不大于 1m 的水位差；潜孔式闸门可采用 1～5m 的水位差。对有可能发生淤泥、污物堆积等情况时，尚应酌情增加。

(三)启闭力计算分析

退水闸工作闸门启闭设备全部选用固定卷扬式启闭机，闸门长期小开度供水，会加速启闭设备零部件的老化，且固定卷扬式启闭机钢丝绳一直处于负荷状态。由于规划退水闸工作闸门运行方式没有控泄要求，长期小开度运行时需计算持住力。以安阳河退水闸露顶式平面闸门和沙河退水闸潜孔式平面闸门为例，针对退水闸工作闸门的各个开度，复核工作闸门及启闭设备能否满足设计要求。

1. 安阳河退水闸工作闸门

①基本资料。孔口尺寸(宽×高)：4m×7.8m，设计水头 7.382m，闸门门型：露顶式平面定轮钢闸门，闸门主材 Q345B。止水型式为前止水，L 型止水橡皮；主轮直径为 680mm，轮缘宽度 120mm(考虑倒角，计算值为 110mm)，材料为 ZG270-500，轮轴直径 170mm，材料为 40Cr；闸门自重 11.3t。

启闭设备为 300kN 固定卷扬式启闭机。闸门运行条件：动水启闭，有局部开启的要求，汛期泄洪水的密度 $\gamma=1.0\mathrm{t/m^3}$，动力系数取 1.2。

②闭门力验算。

$$n_T=1.2$$

总水压力 $P=0.5\times r\times H_s^2\times B_{zs}=1094\mathrm{kN}$

止水摩阻力 $T_{zs}=P_{zs}\times f_3=20.92\mathrm{kN}$

支撑摩阻力 $T_{zd}=P\times f\times(R_1/d+1)/R=41.51\mathrm{kN}$

$$F_w=n_T\times(T_{zd}+T_{zs})-n_G\times G+P_t=1.2\times(20.92+41.5)-0.9\times113=-30.94\mathrm{kN}$$

③启门力验算。

$$n_G=1.1$$

$$F_Q=n_T\times(T_{zd}+T_{zs})+P_x+n'_G\times G+G_j+Ws=1.2\times(20.92+41.5)+1.1\times113=195.1\mathrm{kN}$$

④持住力验算。

$$n'_G=1.1$$

$$F_T=n'_G\times G+G_j+W_s+P_x-P_t-(T_{zd}+T_{zs})$$

闸门刚入孔口时，即闸门下落开度＞7.4m，此时持住力只考虑闸门重量。

$$F_T=n'_G\times G+G_j=124.3\mathrm{kN}$$

安阳河退水闸工作闸门各开度持住力见表 6-3。

表 6-3　安阳河退水闸工作闸门各开度持住力表

下落开度 /m	>7.4	7	5	3	2	1.5	1	0.75	0.25	0.15	0.05
持住力 /kN	124.3	185.3	180.1	170.9	164.9	161.9	157.9	156	152	151.2	150.3

安阳河退水闸工作闸门各开度持住力见图 6-7。

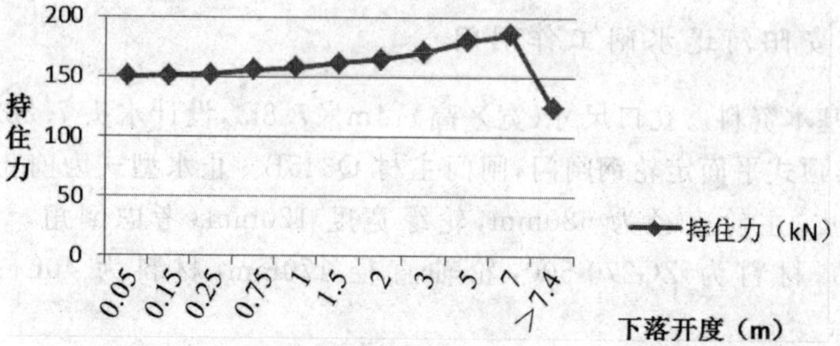

图 6-7　安阳河退水闸工作闸门各开度持住力折线图

经复核计算，闸门依靠自重能够动水闭门，现状启闭设备选用 300kN 固定卷扬式启闭机能满足将闸门维持在各个开度和动水启门的要求。

2. 沙河退水闸工作闸门

(1)基本资料。孔口尺寸(宽×高)：6m×4.5m，设计水头 7.846m，闸门门型：潜孔式平面定轮钢闸门，闸门主材 Q345B。止水型式为前止水，顶侧止水采用 P 型复合止水橡皮，底止水采用刀型止水橡皮；主轮直径为 590mm，轮缘宽度 120mm(考虑倒角，计算值为 110mm)，材料为 ZG270-500，轮轴直径 150mm，材料为 40Cr；闸门自重 11.185t，配重 3.975t。

启闭设备为 2×250kN 固定卷扬式启闭机。闸门运行条件：动水启闭，有局部开启的要求，汛期泄洪水的密度 $\gamma=1.0\text{t/m}^3$，动力系数取 1.2。

(2)闭门力验算。

$$n_T=1.2, f_1=0.14, f_3=0.2$$

总水压力 $P=0.5\times r\times(2\times H_s-H_z)\times H_z\times B_z=1547\text{kN}$

止水摩阻力 $T_{zs}=P_{zs}\times f_3=15.76\text{kN}$

支撑摩阻力 $T_{zd}=P\times f\times(R_1/d+1)/R=60.27\text{kN}$

$F_w=n_T\times(T_{zd}+T_{zs})-n_G\times G+P_t=1.2\times(15.76+60.27)-0.9\times 111.85+12.27=2.9\text{kN}$

闸门依靠自重不能关闭，加配重 3.975t 合适。

(3)启门力验算。

$$n_G = 1.1, f_1 = 0.14, f_1 = 0.2$$

总水压力 $P = 0.5 \times r \times (2 \times H_s - H_z) \times H_z \times B_z = 1547\text{kN}$

止水摩阻力 $T_{zs} = P_{zs} \times f_3 = 15.76\text{kN}$

支撑摩阻力 $T_{zd} = P \times f \times (R_1/d + 1)/R = 60.27\text{kN}$

$$F_Q = n_T \times (T_{zd} + T_{zs}) + P_x + n'_G \times G + G_j + W_s = 1.2 \times (15.76 + 60.27) + 1.1 \times 111.85 + 39.75 = 317.3\text{kN}$$

(4)持住力验算。

$$n'_G = 1.1, f_1 = 0.05$$

闸门下落开度>3.3m，此时闸门不承受水压力，持住力按下式计算。

$$F_T = n'_G \times G + G_j = 162.8\text{kN}$$

沙河退水闸工作闸门各开度持住力见表 6-4。

表 6-4　沙河退水闸工作闸门各开度持住力表

下落开度/m	>3.3	2.00	1.50	1.00	0.50	0.20	0.10	0.05	0.00
持住力/kN	162.80	211.30	207.80	203.50	199.20	182.60	181.20	180.60	133.95

沙河退水闸工作闸门各开度持住力见图 6-8。

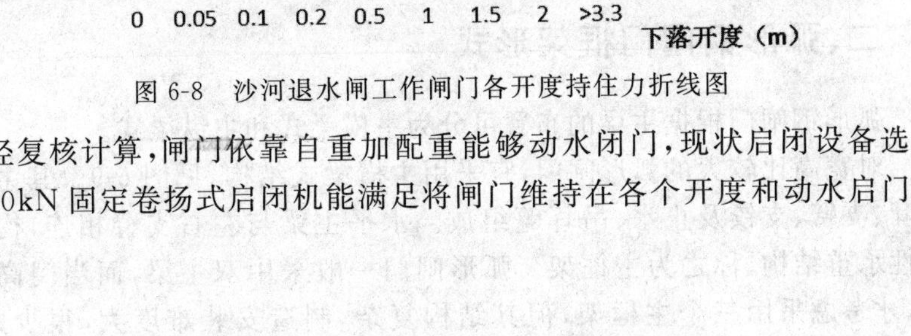

图 6-8　沙河退水闸工作闸门各开度持住力折线图

经复核计算，闸门依靠自重加配重能够动水闭门，现状启闭设备选用 2×250kN 固定卷扬式启闭机能满足将闸门维持在各个开度和动水启门的要求。

第二节 弧形钢闸门

弧形钢闸门是应用非常广泛的一种门型，具有结构简单、启闭力小、水流条件好等优点，适用于泄水建筑物上作为工作门之用。

一、弧形钢闸门的总体布置

以小浪底为例说明弧形钢闸门的布置。小浪底溢洪道工作门和电站尾水渠防淤闸工作门都是表孔弧形闸门，其中溢洪道 3 扇，防淤闸 6 扇。溢洪道工作门的孔口尺寸 11.5m×17m，弧面半径 20m。防淤闸工作门孔口尺寸 14.0m×11.3m，弧面半径 17m，门型都是斜支臂圆柱铰露顶式弧形闸门。它们的结构布置类似，因此这里只介绍溢洪道工作门。

溢洪道闸门多为露顶式闸门，闸门的孔口尺寸一般也比较大，大的孔口宽度已有超过 16m 的。孔口宽度的确定一般根据溢洪道的总泄水量经过调洪计算确定。门型的选择是根据枢纽的运行要求、闸门的工作条件、启闭机型式和技术经济指标等因素综合确定的。根据普遍经验，可选择的门型有平面闸门和弧形闸门。小浪底溢洪道的孔口宽度是 11.5m，采用平面闸门时，需在门的上方设置启闭机机架桥，机架桥的高度需要 20 多米，显然土建的工程量增加太大，而且设备的安装和运行管理都不方便。因此，门型选择了弧形闸门。弧门的支铰是荷载集中的部位，其位置的确定对闸门承受的荷载和启闭力影响较大。弧面半径是按照门高确定的，对于露顶式弧形闸门，其半径与门高的比值多为 1.0～1.5。液压启闭机的支撑点位置对启闭容量、启闭行程和对闸门的附加荷载都有影响，确定的原则一般要考虑多方面的因素。这些因素包括启闭机的容量在满足任意开度的条件下尽量小，行程最短，启闭机悬挂点高度尽量降低，以减小土建工程量等。这些因素一般是互相关联的，往往需要多做几个位置的方案进行综合比较，最终选择最经济合理的方案。

二、弧形钢闸门框架形式

弧形钢闸门根据主梁的布置可分为主横梁式和主纵梁式。

对宽高比较大的弧形闸门，宜采用主横梁式结构，见图 6-9。其主要由门叶、支臂、支铰及止水、吊耳等组成。水平主梁与左右支臂相连，构成一刚性承重结构，称之为主框架。弧形闸门一般采用双主梁，而当门高较大时，才考虑采用三个主框架，但其结构复杂，制造安装难度大，很少采用。主横梁式弧形闸门门叶的梁系结构布置与平面闸门相似，由主梁、水平次梁、竖直次梁(隔板)、边梁等组成。实腹式结构一般采用等高连接，此时竖直次梁(即隔板)与面板接触的一边为圆弧形。主横梁与支臂之间一般用螺栓连接成刚性框架。

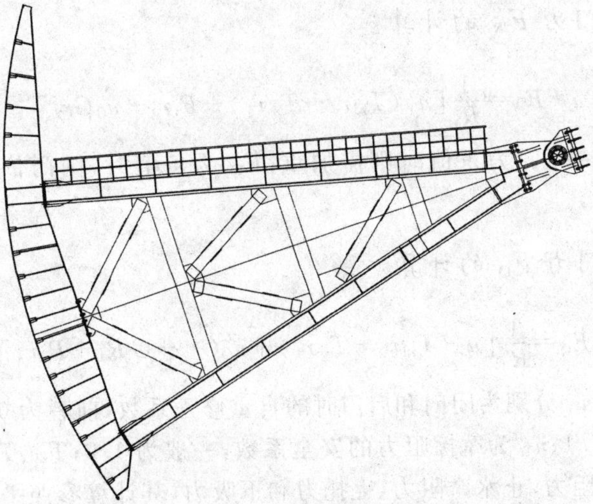

图 6-9　主横梁式弧形闸门结构

对宽高比较小的弧形闸门如果仍用主横梁式，其上悬臂部分过长，弧门整体刚度将较差，故可采用主纵梁式弧形闸门(图 6-10)。主纵梁式弧形闸门的组成与主横梁式基本相同，但其主梁为竖向设置，主纵梁与上下两个支臂构成三角形主框架。一般与主纵梁平行设置有多根小纵梁。而与主纵梁垂直处，则布置有横向隔板。主纵梁式弧形闸门整体刚度较大，但主纵梁的制造加工要求较高。

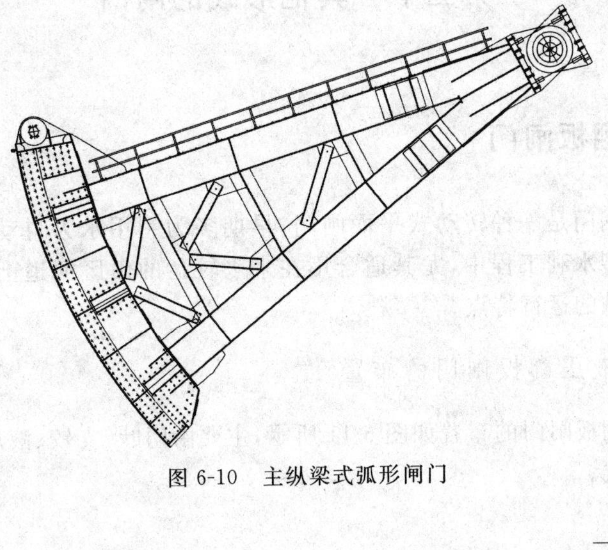

图 6-10　主纵梁式弧形闸门

三、弧形钢闸门启闭力的计算

1. 闭门力 F_W 的计算

$$F_W=\frac{1}{R_1}[n_T(T_{zd}r_0+T_{zs}r_1)+P_t r_3-n_G G r_2] \tag{6-4}$$

计算结果 F_W 为正值时则需加重；F_W 为负值时，闸门依靠自重可以关闭。

2. 启门力 F_Q 的计算

$$F_Q=\frac{1}{R_2}[n_T(T_{zd}r_0+T_{zs}r_1)+n'_G G r_2+G_j R_1+P_x r_4] \tag{6-5}$$

式中，n_G 和 n'_G 分别为闭门和启门时的自重修正系数，前者为 0.9～1.0，后者为 1.0～1.1；n_T 为摩擦阻力的安全系数，一般为 1.2；T_{zd}、T_{zs}、P_t、P_x 分别为铰轴摩阻力、止水摩阻力、上托力和下吸力，其计算参照平面闸门相关部分进行；G_j 为加重或下压力；R_1、R_2 分别为加重（或下压力）和启门力对弧门转动中心的力臂；r_0、r_1、r_2、r_3、r_4 分别为转动铰摩阻力、止水摩阻力、闸门自重、上托力和下吸力对弧门转动中心的力臂。

弧形闸门在启闭过程中，力的作用点、方向和力臂，随闸门的开度而变化，因此必要时应绘制启闭力过程线，以决定最大值。

第三节　其他形式的闸门

一、翻板闸门

翻板闸门是一种转动式平面闸门，早期多为利用水力自动操作，广泛应用在小型水利工程中，尤其适合用在来水较猛的山区河道上，以适应河水暴涨暴跌的运行特点。

（一）液压翻板闸门的布置

液压翻板闸门的布置如图 6-11 所示，主要由门叶、支铰、液压启闭机及埋件等组成。

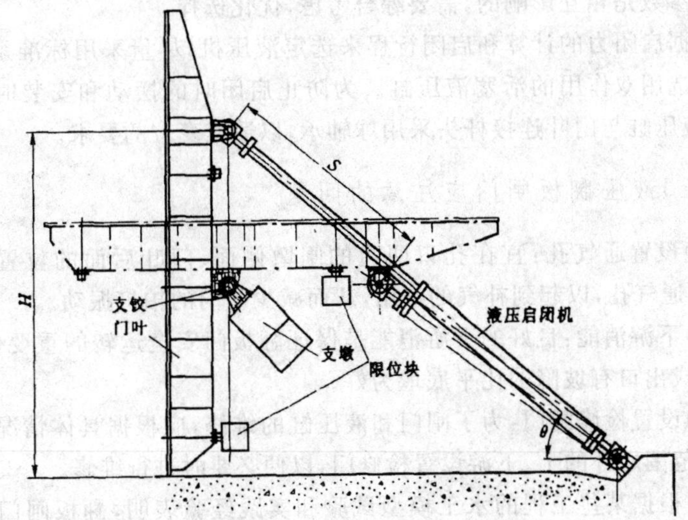

图 6-11 液压翻板闸门布置图

门叶采用平面闸门结构，是挡水活动结构物，它绕支铰中心作 90°转动，形成门叶的关闭挡水、开启泄流的过程。闸门在全开位置时，门叶处于泄水水流中，影响孔口过流能力，随着孔口宽度的加大，门叶厚度加大，其影响更为严重。当孔口跨度较宽时，也可选用双悬臂梁布置。在门叶边梁上支铰的上下各设置一个支承垫，分别在全关、全开时与支墩接触，起限位缓冲作用，并承受水压力。

支铰是门叶启闭时的转动中心。支铰固定件由地脚螺栓固定在闸墩的牛腿上，活动件由螺栓与门叶结构相连，承受总水压力、门叶的重量及开启过程中启闭力等外力，是翻板闸门启闭的关键部件。

液压翻板闸门的埋件有底槛和侧止水座等，无须门槽。

液压翻板闸门有埋件少、闸墩薄、不需启闭机排架、工程造价低、施工工期短等优点，但其门叶处在水流中，影响过流能力和引起闸门的振动，检修维护不方便等缺点也不容忽视。

（二）液压翻板闸门的启闭机

翻板闸门启闭力的计算由门重、止水阻力和止水预压力、支承转动摩擦阻力、总水压力等对支铰中心产生的转动平衡力矩来确定，最大的启闭力是闸门刚开启时的拉力，当闸门开至一定值时则转变成压力。要计算不同水位下的启门力矩，一般水位为铰高的 2 倍时，启门力矩最大。

启门力矩确定后，可用图解法确定启闭机的主要参数，包括启闭机的启闭力、液压缸与门连接点高度 H、液压缸的倾角 θ、液压缸的行程 S 等。

这几个参数是相互影响的，需要综合考虑，优化选择。

根据启闭力的计算和启闭行程来选定液压机，尽量采用标准系列。启闭机应选用双作用的活塞液压缸。为防止启闭时的摆动和安装时出现的误差，液压缸与门叶连接杆头采用球轴承，以适应变位的要求。

（三）液压翻板闸门应注意的问题

(1)设置通气孔：宜在孔口两边的闸墩侧面、门叶后面的位置各设置2～3个通气孔，以起到补气的作用，从而减少闸门的拍打振动。

(2)下游消能：良好的下游消能是保证翻板门安全运转的重要保证，一般设计成出口有坡降的比平底堰为好。

(3)设置检修闸门：为了闸门和液压缸的维修，应根据具体情况在翻板门转动范围之外的上、下游设置检修门，以便必要时进行维修。

(4)根据某些工程的水工模型试验和实践经验表明，翻板闸门局部开启控制流量的范围有局限性，即闸门在小开度（相对开度不大于0.15）时，流态稳定，水流衔接平顺，门叶稳定；当开度再大些时，落差较大，流态波动，门叶有拍打现象，会影响闸门安全。因此，设计时可根据具体参数和模型实验等规定翻板闸门的运行方式，应尽量避免翻板闸门在振动较大的开度区局部开启控制流量，如孔数超过三孔则宜采用几孔均匀开启，以避免出现不利安全的情况。

二、铸铁闸门

铸铁闸门是一种小型平板闸门，广泛使用于取水输水、市政建设、给水排水、农田灌溉等工程中，通常设置在渠道、涵管的进水口，用作工作闸门调节流量、控制水位，或用作检修闸门关闭孔口挡水。

铸铁闸门一般设置有可调节的楔紧装置，楔紧副（如楔块与楔块、楔块与偏心销等）分别设在门体和门框上。调节楔紧装置，可使得闸门关闭时门体紧贴门框，达到止水要求。

铸铁闸门通常的布置形式如图6-12所示。

根据闸门的孔口尺寸、水头计算启门力和闭门力，选定启闭机的容量。当启闭机螺杆长细比较大时，应设置轴导架，其间距应保证启闭闸门时螺杆不弯曲和失稳，最下面的一个轴导架的位置应保证闸门门体能完全开启。

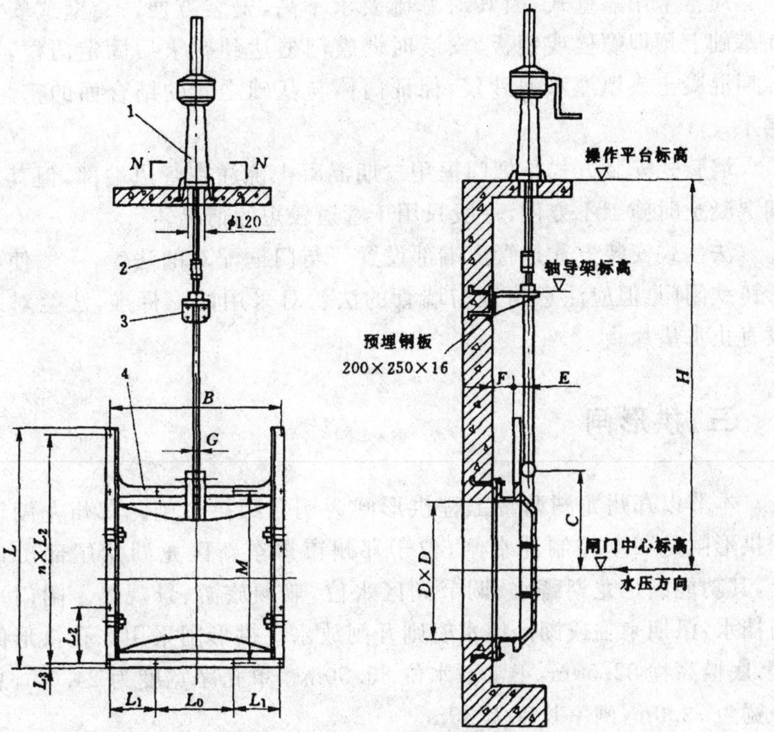

图 6-12　铸铁闸门的布置

1—启闭机；2—传动轴；3—轴导架；4—铸铁闸门

门框的正下方应留有 200～300mm 的空间，以保证闸门门体能完全关闭。

铸铁闸门门框与基础的安装形式有靠壁式、墙管式和法兰式等，见图 6-13。

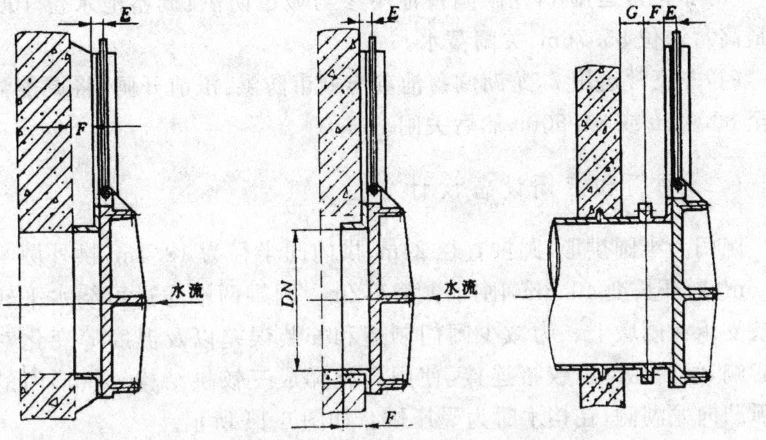

（a）靠壁式　　（b）墙管式　　（c）法兰式

图 6-13　铸铁闸门门框与基础的连续形式

通常采用靠壁式，因其对基础要求不高，安装方便。靠壁式安装要求在基础上预埋螺栓或钢板，安装时调整门框达到要求后固定门框，再浇注二期混凝土或填灌水泥砂浆，保证门体与基础之间的结合面的密封，防止漏水。

墙管式安装方式是把门框用二期混凝土浇注在管道端部，但其浇注二期混凝土时施工不方便，一般只用于管道较短的情况。

法兰式安装方式是管道端部设置一与门框配对的法兰，一般使用于圆形铸铁闸门，但应注意门框与墙管的法兰对采用同一标准，法兰对之间应设有止水垫片。

三、拱形闸

本节以郑州龙湖调蓄工程拱形闸为例介绍拱形闸。郑州龙湖调蓄工程拱形闸是一座控制性水闸，位于郑州市郑东新区龙湖龙尾部出口河道上，其功能满足龙湖蓄水、调节湖区水位，兼顾旅游、景观等。闸门平时关门挡水，汛期来临或湖区换水时则开闸放水。拱形闸采用3孔拱形闸门布置，底槛高程82.50m，正常蓄水位85.50m。单孔净宽度为24.0m，总孔口净宽为72.0m，闸室长度为30m。

（一）闸门的操作运行工况

（1）正常运用1：调蓄池水位维持正常蓄水位85.50m，关闸蓄水。

（2）正常运用2：调蓄池水体交换，闸门控泄。

（3）非正常运用1，龙湖调蓄池不参与城市防洪：调蓄池水位100年一遇最高蓄水位85.76m，关闸蓄水。

（4）非正常运用2，龙湖调蓄池参与城市防洪：汛前开闸，将调蓄池水位降至85.00m或84.50m，然后关闸。

（二）闸门和启闭设备设计

闸门为半圆拱形，圆拱直径24m，拱内圆半径为12.4m，拱外圆半径为13.6m，展开长度40.8m，闸门厚度1.2m。圆拱两端通过可绕水平转动的支铰支承在闸墩上。为减少闸门制造和安装误差以及温度等变化对门体的影响，闸门在跨中铰接连接，使闸门整体成三铰拱结构。拱形门的面板圆弧凸向龙湖侧，在挡水时为受压拱。如图6-14所示。

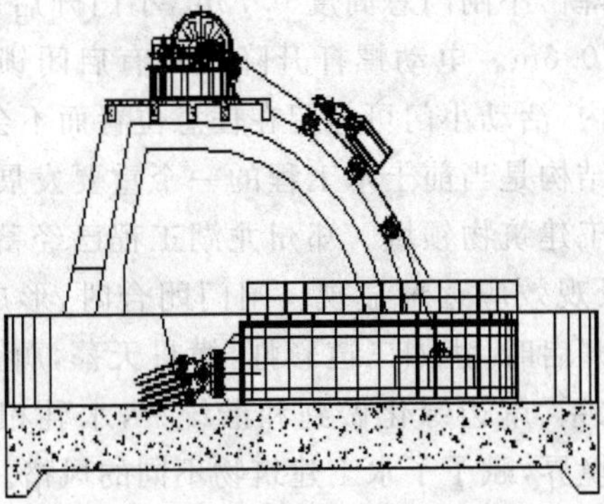

图 6-14　拱形闸门及启闭机布置图

为满足拱形门在关闸挡水时能调节闸上(龙湖侧)水位的要求,拱形门的顶部设有可升降的活动小门叶,使得整个拱形门的高度可在 3.00m～3.50m 之间的范围内调节。闸门设 3 根主梁,侧止水型式采用 V1 型止水橡皮,底止水采用 H9 型止水橡皮;支承采用绕水平轴转动的支铰,支铰轴承采用自润滑关节轴承。上主梁以上、主梁翼缘及拱形门面板之间形成的空腔为活动小门的安装、操作空间,活动小门也为圆拱形,沿圆弧长度方向分成 10 扇,左右各 5 扇,每扇约 4°,孔口尺寸(宽×高)2.2×0.6m。小闸门和拱形门之间的设置前止水,止水采用 P 形橡皮止水,止水橡皮固定在拱形闸门上。拱形门上部设有人行通道,两侧设置护栏,供旅游观光使用,通道桥面的高程为 86.0m。为避免在换水工况下,拱形门局部开启时水流在闸门底缘处产生负压,拱形门的底缘在龙湖侧(上游侧)的倾角布置成大于 35°,但随着闸门的开启,该角度将逐渐增大。下游侧的倾角布置成大于 40°。拱形门可在全开、全关以及局部开启的条件下运行。拱形门全开后与水平向的夹角约为 60°。

因拱形闸门的设计特点,启闭设备既要保证起重容量和启升扬程又必须节省位置减少重量,启闭机的设计必须结构紧凑。盘香式启闭机是一种多根铜丝绳多层缠绕的卷扬式启闭机,每根钢丝绳在同一断面重叠多层缠绕,形如“盘香”,故称盘香式启用机。盘香式启闭机直接同吊耳相连,钢丝绳分支数可多达 14 根,卷筒为半径差值的二个半圆盘,均匀缠绕多层钢丝绳。将盘香式卷扬机固定在排架顶部的平台上,卷扬机的钢丝绳通过托轮转向后固定在拱形闸门吊耳上。钢丝绳共 6 根,通过调节螺栓使每根钢丝绳的受力趋于相同,此种布置形式钢丝绳仅与托轮接触,钢丝绳和卷扬机传递给排架结构的内力明确。最终启闭设备选用 2×1000kN 盘香卷扬式启闭机,扬程为 12m,门顶活动小门的操作选用 2×50kN 的螺杆启闭机(电动螺杆升降机),将螺杆固定,螺母安装在下闸门的底部,通过螺杆旋转带动螺母和小闸门升降。小闸门总高度0.75m，小门开启调节高度0.6m，即螺杆受拉(压)长度0.6m。电动螺杆升降机具有启闭锁定的功能，在启闭机的有效工作范围内，活动小门可停留在任意位置而不会造成下滑。

大跨度的空间结构是当前土木工程的一个重要发展方向，目前正在越来越多的运用于水工建筑物领域。郑州龙湖工程已经蓄水，拱形闸门已投入正常运用，城市景观效应逐渐显现。闸门闭合时，形成弧形水上瀑布景观，滔滔不绝；闸门开启时，犹如三道彩虹，横贯天幕，蔚为壮观。拱形闸景观与周围交通桥、水系、岸边绿化做到和谐统一，水乳相融，充分展示了水利建筑设计的不同境界，赋予了水工建筑物不同的风格。

四、卧倒闸门

本节以郑州市引黄灌区龙湖调蓄工程为例介绍卧倒闸门。郑州市引黄灌区龙湖调蓄工程位于郑州市城区的东北部，属Ⅲ等工程，工程规模为中型，相应主要水工建筑物为3级，次要建筑物为4级。

根据龙湖地区控制性规划，龙湖调蓄工程下游分别与魏河、东风渠连接，其中1#、2#、3#河道为通航河道。河道1、2、3分别连通东风渠，需修建3座控制性水闸，分别为1#、2#、3#出口控制闸。

1#、2#、3#出口控制闸主要功能为拦蓄调蓄池水，通航时开启闸门，龙湖水体交换时控泄调蓄池水入东风渠。鉴于1#、2#、3#出口控制闸位置、宽度、功用一致，且都为双向挡水，并有通航要求，基于风格协调统一方面考虑，这三座出口控制闸采用同一种形式。

(一)闸型方案比选

1#、2#、3#闸的门型选择主要考虑以下几方面因素：一是闸门必须满足使用功能要求，即满足防洪、排涝、调水的要求。二是闸门必须满足景观要求。三是闸门必须满足经济合理的要求，即布置简洁、造价较低、运行方便可靠、易于维护保养。

设计中对人字闸门、钢坝闸、卧倒闸门3种闸门型式进行比较。

人字闸门具有技术成熟、运行可靠、启闭力小、操作方便，以及通航净空不受限制、门槽高度低、止水橡皮磨损少等优点，但结构、制造、安装复杂，对其制造、安装精度要求高，底枢、顶枢、支撑及水下部分检修维护困难。

钢坝闸主要由平面门体、旋转底轴、驱动拐柄和液压系统组成，旋转底轴安装在河床底部，闸门绕旋转底轴转动。闸门挡水可垂直或斜立位置，闸门门顶允许过流，闸门可动水启闭，也可局部开启。液压启闭机推动闸墩内侧驱动拐柄，驱动拐柄转动旋转底轴，抵挡水压力传给旋转底轴的转距。闸孔宽度增大时旋转底轴增长，支铰增多，要求混凝土地板平整度提高；挡水高度大于3m时，旋转底轴直径增加，旋转底轴的制造和安装难度增大，另一点旋转底轴穿侧墙处的止水长期使用容易漏水，进入液压启闭机室，闸门不易检修。

卧倒闸门可根据孔口宽度设置数个安装在河床底部的铰座，闸门绕该铰座的铰轴转动。闸门挡水时为斜立位置，过水时放下为水平位置。闸门可双向挡水，门顶允许过流。闸门动水启闭，也可局部开启。闸门顶部设破水器，侧墙设掺气槽。当内河侧水位高于外河侧时，闸门启闭时将水幕分开，使门下空腔与大气连通防止引起闸门震动。同时在闸门顶部设置液压锁锭装置，当闸门挡水时锁锭闸门。卧倒式平面钢闸门，具有结构简单，布置容易，水下没有需要经常检修部件，造价较低，地面无任何建筑物，缺点是检修不便。

综合考虑整体建筑物布置和协调周边环境，最后出口控制闸门采用卧倒闸门方案。

（二）卧倒闸门及启闭设备设计

以1＃出口控制闸为例进行设计。1＃出口控制闸3孔，设置3扇卧倒闸门，孔口宽度28m，高度为5.2m，双向挡水。

卧倒闸门由门叶、支铰、支臂、止水等组成。平时开启状态时卧倒在闸底板上。在防洪挡水时闸门全关，与水平面成70°向东风渠侧倾斜。门叶由面板、五根水平小梁和三根主横梁组成。在闸门下主横梁设置两支铰，轴承采用自润滑关节轴承。闸门底止水采用P型橡皮，两侧双向止水的侧水封装置采用U形橡皮，侧水封材料为普通水封橡皮。

卧倒闸门沿孔口宽度方向上布置2个支铰，支铰安装在闸门底部大梁和闸底板预埋件上，使闸门与闸底板保持铰接状态。在闸门两侧靠近闸墙处设两个支臂，启闭设备通过驱动支臂，使支臂带动闸门绕支铰轴线转动，从而达到启闭闸门的功能（图6-15）。

闸门操作运行方式为动水启闭。由于液压启闭机具有结构紧凑、体积小、重量轻、传动平稳、可靠性能好等特点，启闭设备最终选用2×1250/2×200kN的液压启闭机操作，启闭机工作行程为5.3m，油缸设置在闸墩两侧，支铰中心线距底槛高程为4.0m，高于龙湖100年一遇洪水位85.62m。液压启闭机泵站和现地电控设备设置在两岸，泵组、阀组、油箱为一体式结构。每个泵站设两套油泵电动机组，互为备用。液压系统应具有使闸门同步、自动复位的功能。为保证闸门绕支铰轴转动时始终同步，且同步误差不大于 2cm,启闭机液压系统设有闭环同步纠偏控制系统。

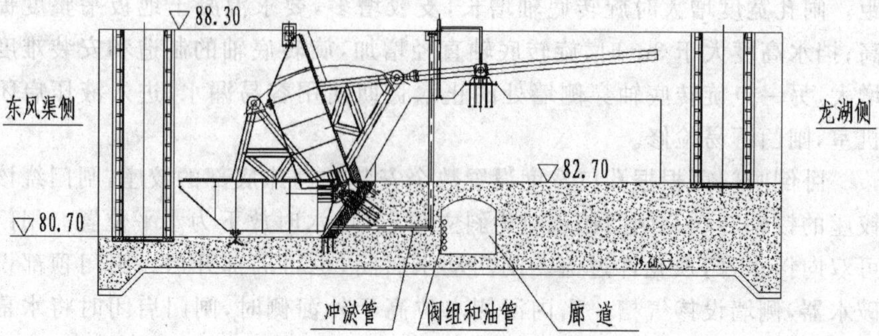

图 6-15 卧倒闸门及启闭机布置图(高程单位:m)

自动复位功能要求:当闸门挡龙湖水或在局开位置时,由于启闭机液压系统和油缸的内泄,造成闸门支臂吊点向东风渠侧滑动 200mm 时,液压启闭机能够自动启动一组油泵电动机组将闸门提升至原位置。若下滑 200mm,液压启闭机未能启动,则当滑动至 300mm 时,液压启闭机能够自动启动另一组油泵电动机组,将闸门提升至原位置,并自动停止,同时发出声光报警信号。

(三)闸门冲淤装置设计

闸门运行状态是长期卧倒放置,水中的门体有可能出现淤积现象,为了能正常启闭,应设置冲淤装置。冲淤主要是对门体下部的泥沙进行冲刷。冲淤装置采用高压水枪自动冲淤为主,人工清淤为辅的方式。

自动冲淤方式是在闸门底槛上设置冲淤装置,利用高压水通过冲淤管对门底淤积进行清理。设计考虑到冲淤的需要,在闸门卧倒状态时,门叶底部缓冲垫与闸底板上支撑块接触使闸门与闸底板保留一定距离,冲淤管沿闸底板由两侧向中间布排,闸门门底淤积应定时冲淤,启闭闸门前应先进行冲淤。

(四)瀑布景观设计

卧倒闸门的结构设计考虑了闸门在门顶过流时形成瀑布。形成瀑布时,闸门保持局部开启状态,且闸门局部开启为任意位置,以满足各种水位组合的条件。

闸门局部开启形成瀑布时,龙湖侧水位高于东风渠侧水位过多,将大大增加整个控制工程的运行管理成本,闸门结构及操作设备工程量也相应加大,不经济。龙湖侧水位高于东风渠侧水位过小,则瀑布效果不佳。综合考虑各方面因素后,认为 0.50m 的水位差是适宜的。

由于闸门跨度大，局开过流时，闸门中部会产生一定的挠度变形，使门顶形成一条曲线。变形的大小与闸门两侧的水位组合和闸门的开度有关。虽然此挠度变形很小，但当水位较低时，门顶中部和两侧的水舌厚度是不一样的。为弥补这一视觉差异并渲染瀑布效果，门顶密布破水器，使瀑布形成水花。

第四节　启闭设备

启闭设备作为闸门的一部分，用于操作门叶的移动，达到开启、关闭孔口的目的。在水利水电工程中，将启闭闸门用的起重机械统称为启闭设备，包括启闭闸门的启闭机、取水口拦污栅的清污机。

一、启闭机

(一)固定卷扬式启闭机

固定卷扬式启闭机最为常见，广泛用于平面闸门和弧形闸门上。

固定卷扬式启闭机，如图 6-16 所示，由于在启闭力和扬程方面有宽广的适应范围，因此使用极其广泛，主要用于靠自重、水柱或其他加重方式关闭孔口的闸门和要求在短时间内全部开启的闸门。

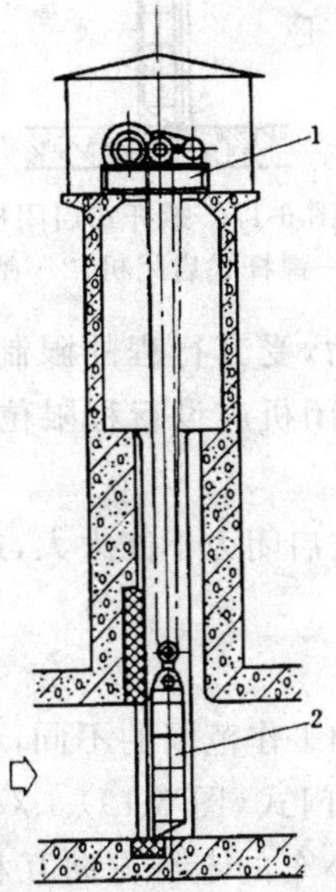

图 6-16　固定卷扬式启闭机

1—固定卷扬式启闭机；2—闸门

国内目前在工程实践中，固定卷扬式启闭机容量及扬程较大的有：天生桥一级水电站放空洞事故闸门启闭机，容量达 2×4000kN，扬程 125m；小浪底水利枢纽工程中的 1×5000kN 启闭机，扬程 90m；凌津滩水电站闸坝工作闸门启闭机采用盘香式，启门力达 2×2000kN，扬程 27m。

（二）螺杆式启闭机

螺杆式启闭机如图 6-17 所示，主要用在需要下压力的闸门上。大型的螺杆启闭多用于操作深孔弧门，但需设置可摆动的支承或设置导轨、滑块及铰接吊杆与闸门连接。小型螺杆式启闭机一般用手摇或手、电两用。

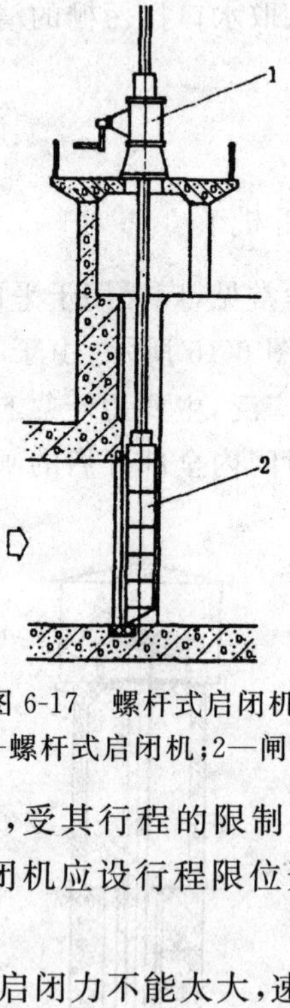

图 6-17　螺杆式启闭机

1—螺杆式启闭机；2—闸门

螺杆式启闭机的闭门力，受其行程的限制。在使用中，常因超载而使螺杆弯曲，所以电动螺杆启闭机应设行程限位开关，手动螺杆启闭机应设安全联轴节。

螺杆式启闭机的缺点是启闭力不能太大，速度较低，行程也受限制。

（三）移动式启闭机

根据机架的结构形式和工作范围的不同，移动式启闭机可分为台车式（图 6-18）、单向门式和双向门式（图 6-19）。双向门机除大车运行机构外，还有小车运行机构门架和小车的走行方向互相垂直。另外有时电动葫芦也可作为移动式启闭机来启闭小闸门。

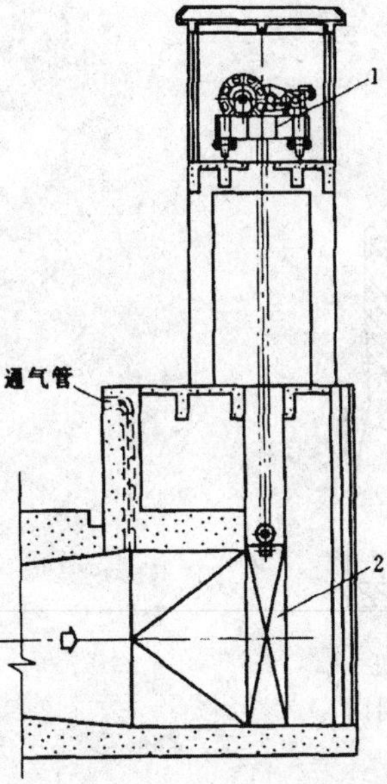

图 6-18　台车式移动启闭机
1—台车式启闭机；2—检修闸门

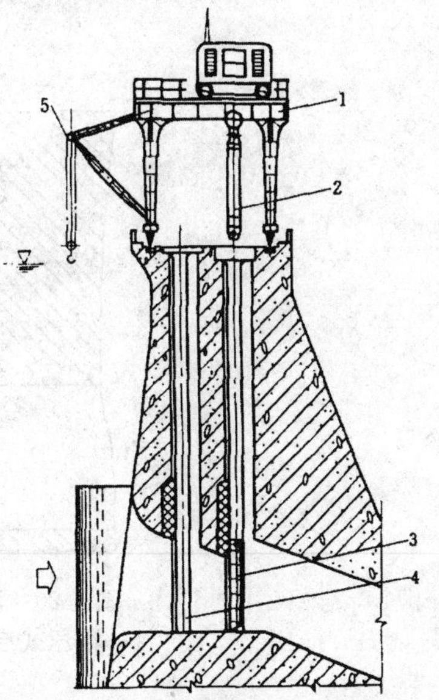

图 6-19　双向门式移动启闭机
1—双向门式启闭机；2—吊杆；3—工作闸门；
4—检修闸门门槽；5—回转吊

移动式启闭机多用于操作多孔共用的检修闸门，它的形式选择应根据水工建筑物的布置、闸门的运行要求以及启闭机的技术经济指标等因素确定，布置时需注意在其行程范围内与其他建筑物的关系。

目前国内工程实践中采用的最大门式启闭机容量达 5000kN，跨度为 24m。

(四)液压启闭机

液压启闭机根据液压缸的作用力分为单作用式、双作用式(图 6-20)。近年来，由于机械制造工艺水平和液压元件系列化、标准化水平的提高，启闭机液压化的趋势在国内外都是明显的，所以液压启闭机的地位越来越高。

双向作用的油压启闭机，多用于操作潜孔平面闸门和潜孔弧门。用于操作潜孔弧门时，需设置可转动支座或设置导轨及滑块及铰接吊杆与闸门连接。

目前国内工程实例中，液压启闭机容量较大的有：五强溪水电站表孔弧形闸门液压启闭机，启门力为 2×3850kN，行程 12.5m；岩滩水电站进水口快速闸门启闭机容量为 8000/6000kN(持住力/启门力)，行程 16.9m。

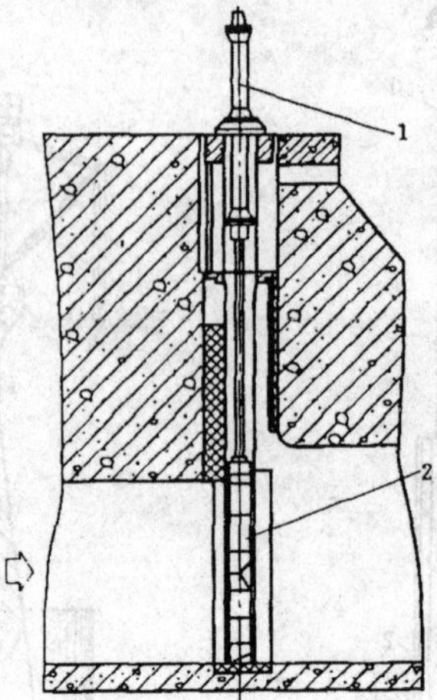

图 6-20　液压式启闭机
1—液压式启闭机;2 一闸门

二、清污机

清污机的结构外形见图 6-21。清污机主要由抓斗、液压传动装置和压重框三大部分组成。

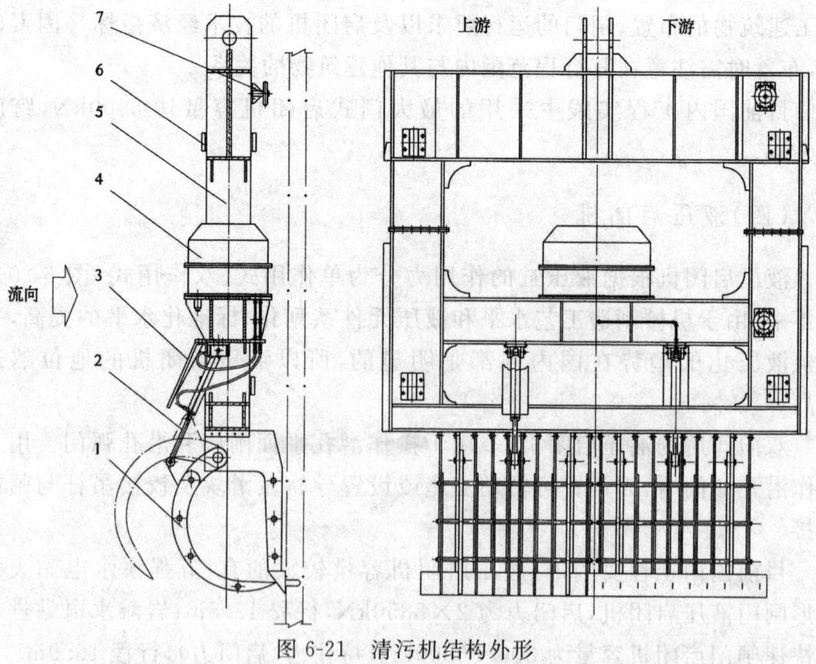

图 6-21　清污机结构外形
1—抓斗;2—油缸;3—护罩;4—液压泵站;5—压重框;6—支撑滑块;7—侧导轮

抓斗由固定叶片和转动叶片组成。其中固定叶片与拦污栅面贴合，其叶片的叶条形体呈倒L形，并与压重框采用刚性连接。转动叶片放在固定叶片的前面，其叶片的叶条形体呈半圆形，与固定叶片一起形成容纳污物的腔。抓斗叶片的叶条之间以若干横条进行串接，叶片的叶条间距与拦污栅条间距相同，但与拦污栅条交错布置。转动叶片可围绕固定叶片回转，并在拦污栅孔口宽度方向上设两组，每组转动叶片上各设置一台驱动液压缸，通过油路控制，可实现两组转动叶片同步开合，也可单独开合。

在抓斗的固定叶片上设有水平放置的双刃刀，沿孔口宽度全跨布置，其刀距与拦污栅条间距相同，但与拦污栅条交错布置。特别是对于缠绕到栅条上且跨越两个以上栅条的、长的污物，在清污抓斗提升或下压时，靠这些刀的锋刃可将污物割断，使长的、大的污物变为短小的污物，以降低污物的阻水能力。

液压传动装置是清污机抓斗开合的驱动机构，它主要由电动机、油泵、油缸、油箱、阀组和管路组成。其中，电动机、油泵及阀件均布置在油箱的上盖上。由于这些部件要随清污机一起进入水下工作，因此在油箱上盖设有密封罩，密封罩与油箱上盖的法兰间设有防水密封条。液压泵站的动力及信号控制电缆采用的是耐水强力多芯护套软电缆，并通过特制的防水密封插头与罩内的电器元件连接。信号电缆由设在门机上的电缆卷筒进行收放。防水密封部位均经受不小于2倍的工作水压、保压不少于30min的耐压试验。

油缸采用悬挂式安装。在抓斗开合过程中，油缸有一定的摆动，因此与油缸上、下腔连接的油管采用高强度柔性胶管，其他部位采用钢管或铜管。为防止硬性污物在高速水流的作用下撞击缸体或油管，在油缸的迎水面设置了防护罩。

压重框设计成箱形梁式结构，将压重块放置在箱形梁内，在使用中根据实际情况可增减框体内的压重块来调节清污机的下压力。

清污机在空斗、闭合和自由悬吊状态时应保持机体的垂直平衡状态，以方便清污机的顺利入槽。此状态可通过调整框架内的部分压重块位置来实现。

第五节　闸门及埋件设备制造工艺及质量管理

一、施工前准备工作

1. 工程内容

应确定不同项目需要制造设备的工程数量、合同工期等内容。

2. 组织机构

确定参与闸门及埋件加工工程的组织机构、人员配备,具体包括主要管理人员、主要生产作业人员及其所属部门和职责、权限。

3. 技术措施

确定项目工艺负责人,汇报具体的质量计划和工艺文件、关键件的作业指导书。

4. 质量控制措施

制定质量控制措施,具体包括:

检查人员分工明确;严格执行“三检制度”;做好测量及计量仪器的校验工作;做好施工前的与质量有关人员上岗资格报审表、施工设备申报表等有关工作。

5. 设备保证措施

(1)由设备科建立设备的台账和档案,确保投入设备能够有账可查。

(2)由设备科负责投入设备的检验工作,保证完好率达 90%以上。

(3)由设备科负责设备的维修工作,确保生产正常进行。

6. 安全保证措施

由项目部成立安全委员会,制定严格的安全措施,定期检查安全措施落实情况。明确项目经理及安全员的安全管理职责。

7. 制造进度保证措施

根据合同和业主要求确定工期,并编制详细的施工进度网络计划。组织各部门人员、工程设计单位对本标段的施工图纸进行制造前的会审。确保资金充足,以保证及时采购、检验原材料和外购件。配备良好的施工资源,进行合理配置。

二、闸门及埋件设备制造工艺及质量管理

(一)闸门制造工艺

1. 闸门制造工艺流程

如图 6-22 所示,为叠梁闸门制造工艺流程。

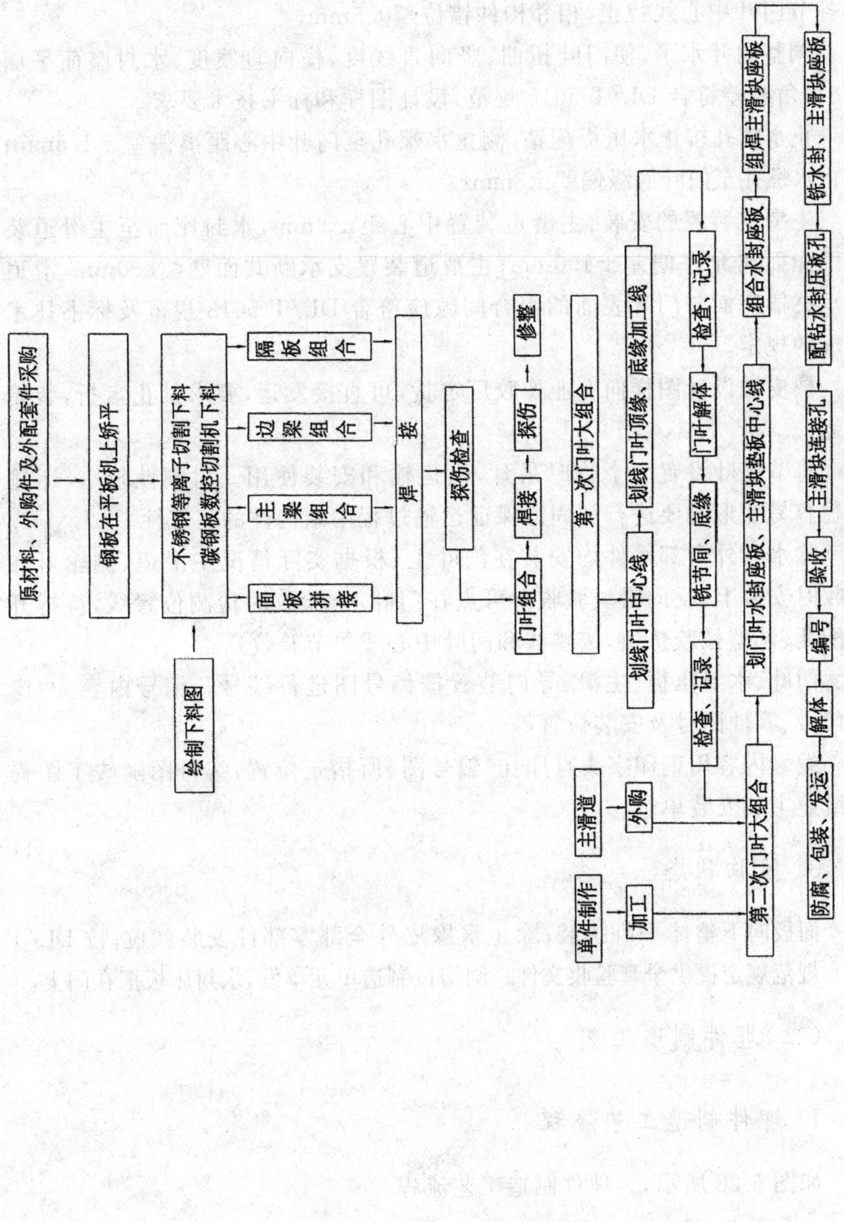

图6-22　叠梁闸门制造工艺流程

2. 门叶整体组装

门叶及零部件检验合格。

整体平卧组装状态(面板向下),门叶离工作平台(地面)800mm,以便检测验收。每节门叶设4个支点(油压千斤顶),支点设存边梁腹板中心,将各节门叶中心线找正,相邻构件错位≤0.5mm。

调整门叶水平,使门叶扭曲、竖向直线度、横向直线度、水封座面平面度、对角线差符合DL/T 5018规范、设计图样和标书技术要求。

止水螺孔按止水压板配钻,侧止水螺孔至门叶中心距离偏差±1.5mm;顶止水螺孔至门叶底缘偏差±3mm。

主滑道装置的安装:主滑道装置中心距±2mm,水封座而至主滑道装置工作面离允许偏差±1.0mm;主滑道装置支承断共面度≤2.0mm,滑道支承夹槽底面与门叶表面的组合间隙应符合DL/T 5018规范及标书技术要求的规定。

橡皮按设计图样向专业橡胶厂定货,可直接发运,要求禁止盘折,装箱发运。

每节门叶设置4个临时吊耳,供运输和安装使用。对刚性较小、运输过程容易变形的要进行加固。保证运输过程中结构件的完好性。

除水封外全部零件均安装在门叶上(根据实际情况主滑道、侧轮可在验收时安装上,反向滑块验收时可点在门叶上,验收时检测位置线,待拆开后配孔、调整橡胶垫块,按腰线和门叶中心线单节验收)。

门叶、水封压板、主滑、导向装置按编号图进行编号。编号内容为:产品代号、零件图号及安装位置等。

编号内容用钢印字头打印在《编号图》所指定位置,编号图随竣工图提供给业主和安装单位。

3. 验收状态

面板向下整体平卧拼装;除止水橡皮外全部零部件安装就位;按DL/T 5018规范规定提供全套验收文件。闸门按制造单元单发,水封压板把在门上。

(二)埋件制造工艺

1. 埋件制造工艺流程

如图6-23所示,为埋件制造工艺流程。

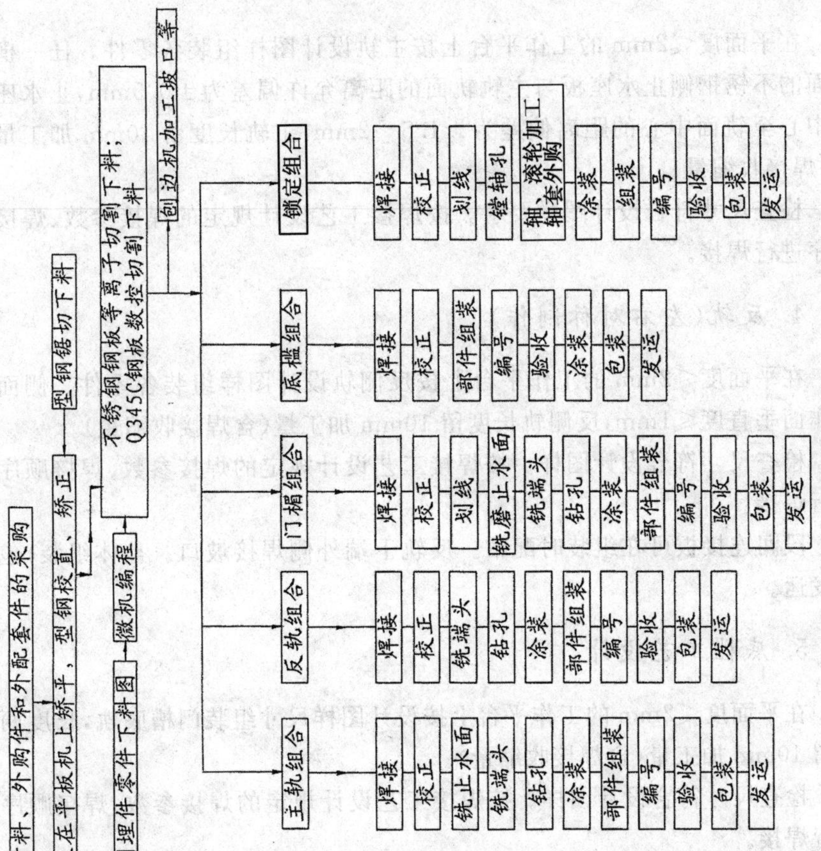

图6-23 埋件制造工艺流程

2. 埋件结构下料工艺设计

全部板型材零件根据设计图纸尺寸(考虑工艺余量),数控切割机集中下料。下料后清除氧化铁、毛刺、飞边。每个零件上标出产品代号、件号,避免施工中混用。下料后经检查合格后方可转入部件组装。

3. 主轨(左右对称制作)

在平面度≤2mm 的工作平台上按主轨设计图样组装各零件。任一横断面的不锈钢侧止水座板与主轨轨面的距离允许偏差为±0.5mm,止水座面中心至轨面中心的距离偏差为±1.5～2mm,主轨长度留 10mm 加工量(含焊接收缩量)。

检查尺寸符合设计图样要求。按焊接工艺设计规定的焊接参数、焊接顺序进行焊接。

4. 反轨(左右对称制作)

在平面度≤2mm 的工作平台上按反侧轨设计图样组装各零件。侧面工作面垂直度≤1mm,反侧轨长度留 10mm 加工量(含焊接收缩量)。

检查尺寸符合设计图样。按焊接工艺设计规定的焊接参数、焊接顺序进行焊接。

段间连接板可在组装时配钻。反轨下端外侧焊接坡口。整体组装,包装发运。

5. 底槛工艺设计

在平面度≤2mm 的工作平台上按设计图样尺寸组装门槽底轨,长度两端留 10mm 加工量(含焊接收缩量)。

检查尺寸符合设计图样。按焊接工艺设计规定的焊接参数、焊接顺序进行焊接。

闸门底槛整体按设计图样整体平卧在厂内预组装。检测扭曲、对角线差、直线度和平面度,符合图样设计,组合部位有编号、有标志、有定位,标志清晰。

6. 锁定

按设计图样在≤2mm 的工作平台上组合一体。轴孔直径留加工量。

锁定滚轮及轴→下料→粗加工→探伤→精加工。按图纸装配,检查装配后滚轮应转动灵活,无卡滞现象。防腐、发运。

（三）闸门及埋件设备质量管理

1．遵守金属制造执行标准

在闸门及埋件设备的制造过程中，对原材料、设备制造工艺、质量控制和验收等，都应严格遵守国家及行业的相关规范和标准。

2．原材料、外购件、外协件质量控制

（1）原材料质量控制。与资质可靠、信誉度高的供应商达成合作；对于进厂原材料，都应对其数量、质量进行检验；对于投入使用的原材料，应对其进行标记，使其具备可跟踪性，不致于混用、错用。

（2）外购件的质量控制。对外购件的供应商，选择长期合作证明其资信可靠，信誉度高，能保证产品质量和工期的供应商作为合作伙伴。

按照招、投标文件及图纸的相关技术要求，研究所编制外购件表、主要外购件技术条件，并报监理审批，按照质量管理体系下发承办单位。

外购件项目批准后，承办单位与外购单位签定合同，明确质量、进度、验收等要求，并派专人对其施工过程进行现场监控，按拟定的方式向质量部提交报检。

（3）外协件的质量控制。对外协件的供应商，选择长期合作证明其资信可靠，信誉度高，能保证产品质量和工期的供应商作为合作伙伴。

按照招、投标文件及图纸的相关技术要求，研究所编制外协件表、外协件技术条件，并报监理审批，按照质量管理体系下发承办单位。

外协件项目批准后，承办单位与外协单位签定合同，明确质量、进度、验收等要求，并派专人对其施工过程进行现场监控，按拟定的方式向质量部提交报检。

3．安全生产

（1）生产区域的要求。结构件工作区域场地工作地面有平整牢固的金属平台，场地清洁、开阔，起重设备齐全，年检合格，起重高度满足生产要求。

为生产设置的沟、坑、井等应有可靠的盖板或防护栏杆。

场地有易燃易爆气体，列入本辖区重点监管，经常巡视，做到防明火、防静电、防摩擦、防撞击、防电热火花。

机械设备危险动作部位有灯光信号、音响信号、失磁信号、颜色信号。

机械设备检修、安装及危险部位应设明显的安全标志、标牌。

(2)生产作业人员的要求。生产作业人员必须通过相关安全培训合格,熟知安全操作规程。

进入生产场地,要佩戴安全帽,劳动保护服饰。电器操作人员要佩戴绝缘手套,高空作业人员要佩戴安全带。有毒作业人员要佩戴防毒救护用具。

有科学的、完善的、可行的安全操作规程、有严格的监督、考核体系。任何部门、个人都有安全生产指标一票否决权。

第七章　金属结构防腐施工技术

参照GB/T 9286、SL 105、GB 8923、GB/T 13452.2、DL/T 5358等有关规范标准和施工图纸中的规定和要求进行金属结构防腐施工处理。

第一节　闸门及埋件防腐蚀

一、表面预处理

对闸门及埋件进行表面预处理时应注意以下几点：

(1)表面预处理时，空气相对湿度低于85%，基体金属表面温度不低于露点以上3℃，施工现场温度不低于5℃。

(2)如有天气等不利的气候条件下，必须采取有效措施，以满足对工作环境的要求。

(3)在进行喷射处理之前，仔细地清除工件上的焊渣、飞溅等附着物，并清洗基体表面可见的油污，清洗剂宜采用汽油或OP乳化剂。

(4)认真做好表面预处理的质量检验工作，防腐表面预处理采用"优质石英砂除锈"，钢材表面清洁度达到Sa2.5级标准，防腐质检员用表面粗糙度仪和比照照片对除锈质量进行检验，表面粗糙度在60～100μm之间，均达到等级标准。

二、喷涂材料

闸门和埋件的结构件均采用金属喷涂、涂料封闭综合防腐。闸门的埋件与混凝土接触部分采用涂刷一层加有胶和氧化剂改性水泥浆保护，外露部分采用金属喷涂、涂料封闭综合防腐。

选择闸门及埋件的喷涂材料时应注意以下两点：

(1)锌丝应光洁、无油、无折痕，直径为3mm，锌丝的含锌量不小于99.99%，并具备产品批号、合格证或检验资料。

(2)封闭层和面漆的涂料应具备以下工艺参数:包括闪点、比重、固体含量、表干和实干时间、最长和最短的深覆间隔时间,一道涂层的干膜和湿膜厚及理论涂布率等;并具备产品批号、合格证或检验资料。

三、热喷涂工艺

对闸门及埋件进行热喷涂工艺时应从以下几点着手:

(1)表面预处理完毕后,若潮湿天气时应在 4h 内实施喷涂,若在晴朗天气或湿度不大的环境下应在 12h 内实施喷涂。

(2)喷涂用的压缩空气应清洁干燥,其压力不得小于 0.4MPa,喷涂距离为 100～200mm,喷枪与基面的夹角为 75°～90°,各喷涂层之间的走向应互相垂直,交叉覆盖。

(3)喷枪的移动速度应缓慢均匀,每遍喷涂厚度约为 40μm,各喷涂带之间应有不小于 1/3 的宽度重叠。

(4)涂层的表面温度降为 70℃以下时,才能进行下一道喷涂。

(5)施工时,对不涂装或暂不涂装的部位(如轴孔、加工后的配合面和工地安装焊缝两侧等)进行遮蔽,以免对装配、安装、工艺焊接等带来不利影响。

(6)工地焊缝两侧应预留 100～150mm 宽度,只涂底漆,不进行喷涂。

(7)每层喷涂前,对前一涂层进行外观检查,如发现漏喷、起皮、鼓包、裂纹、掉块等其他影响使用的缺陷,应及时进行处理。

(8)锌膜固化干燥后应按照 SL105—95 的有关要求使用涂层测厚仪及时对锌层厚度(设计涂层总厚度为 160μm)、附着力进行检查,不允许涂膜出现任何剥落现象。

(9)涂料封闭应在金属喷涂尚有余温时进行施工,涂装方法应根据涂料的物理性能、施工条件和被涂结构的形状进行选择,亦可按涂料制造厂的要求进行。

四、涂装施工

对闸门及埋件进行涂装施工时应从以下几点着手:

(1)涂装作业必须在清洁的环境中进行,避免未干的涂层被灰尘等污染。

(2)涂层的涂覆间隔时间按涂料制造厂的规定执行,如超过允许间隔时间,则将前一涂层用粗砂布打毛后再进行涂装,以保证涂层间的结合力。

(3)涂装后涂膜应认真维护,在固化前要避免雨淋、暴晒、践踏,搬运时应对涂层做好妥善保护。

(4)每层涂装时,应对前一涂层进行外观检查,如发现漏涂、流挂、皱纹等缺陷,应及时进行处理。

(5)涂膜固化干燥后进行干膜厚度的测定(设计涂层总厚度为300μm),测定结果应满足85%以上测点的厚度达到设计厚度。未达到设计厚度的测点,其最低厚度不低于设计厚度的85%;进行附着力检查,不允许涂膜出现任何剥落现象。

(6)设计防腐技术要求见表7-1。

表7-1 涂装施工防腐技术要求

涂层系统	涂料种类	干膜厚度(μm)	构件表面质量	
			清洁度	粗糙度(μm)
底层	喷锌	最小厚度120	Sa2.5	Ry60~100
第一道面漆	中间漆:环氧云铁漆80μm	80		
第二道面漆	面漆:环氧沥青面漆200μm	80		

(7)金属层和涂料涂装工序经厂部检验合格后,报验给监理和第三方检测单位复核检验,严格按图纸设计和规范要求进行层层把关,保证产品的防腐蚀质量。

五、埋件防腐

对闸门及埋件进行埋件防腐时应从以下几点着手:

(1)埋入混凝土中的埋件表面除锈等级为Sa1级,涂刷含乳胶的水泥浆。

(2)露在混凝土外的埋件表面除锈等级为Sa2.5级,进行油漆综合防腐。

(3)水泥浆涂层全部均匀地覆盖住金属表面,其厚度以不流挂为原则。

第二节 启闭机的防腐工艺

一、表面预处理

启闭机需要防腐的部分在涂刷油漆前先进行表面预处理,对铸件部分的外表先清除沾沙、浇口、冒口以及油脂及其他污物、显著的斑痕。对机架等焊接件喷砂处理，清除金属表面可见的锈迹油污及其他污物，并使用空压机吹干表面水份。除锈等级为 Sa2.5 级，表面粗糙度达到 Ry60～100μm。

二、涂料保护

涂装施工中防止漆膜不产生流挂、龟裂、起泡、发白失色、脱皮等现象。漆膜性能按 SD 2014-85 检验其干透性，硬度及黏附力。每道漆装应在前一道涂层充分干燥后，方可再次涂装。启闭机主体颜色最终确定为墨绿色。

启闭机出厂前，对所有外露加工面涂上黄油，以防止雨水锈蚀。

第八章　金属结构安装

近年来，随着社会生活对水利工程需求的增多，水利工程建设的难度越来越大，这在一定程度上为金属结构的安装带来了考验，为了确保金属结构的安装质量，水利水电工程必须要加大对金属结构安装质量的控制。

第一节　施工总体思路

金属结构埋件在进口检修闸及出口控制闸土建施工期间即开始埋设，闸门土建完成后，开始闸门等金属结构的安装。金属结构安装完成之后进行电气设备的安装。闸门等金属结构和电气设备的吊装采用汽车起重机吊装。

第二节　施工准备和设备进场

预埋件安装前，先对一期混凝土预留槽的位置尺寸、是否已凿毛，进行复查，并对一期混凝土中预埋插筋进行调直，用钢丝刷除去其表面杂物、铁锈。

启闭设备和金属结构等安装对象进场后，首先检查该安装对象的工厂制造件是否齐全，各部件在运输、存放过程中有无损伤。检查部件在拼装处的安装标记是否属于本扇闸门或门槽埋件或启闭机的。凡不属同一套的部件或总成，不准组装到一起。在组装检查中发现损伤、缺陷或零件丢失等，在进行修整或补备零件后才准许进行安装。在加工场地将要安装的闸门或启闭机的全部构件、结构总成或机械总成、零件等进行拼装、检查。

第三节　闸门安装

一、安装前准备的资料

(1)设备总图、部件总图、重要的零件图等施工安装图纸及安装技术说明书。

(2)制造验收资料和质量证书。

(3)安装用控制点位置图。

二、埋件安装

闸门埋件包括底槛、侧止水座板、侧轮导板、门楣、拦污栅轨道、电动葫芦预埋件等。其中除了电动葫芦预埋件采用一期直接预埋外,其余埋件均采用二期混凝土浇筑。埋件运至场地后,详细检查构件的外型尺寸等是否符合设计要求,验收合格后进行下步工作。

(一)测量放样

由测量人员用经纬仪配合钢卷尺设置孔口中心、门槽中心,用水准仪控制高程,并做好永久标记。

(二)埋件安装

以安装好的底槛为基准,以铰支座中心为圆心,测放门槽中心弧线,然后定位、再调整、加固、复核,分段浇筑二期混凝土。

闸门埋件安装程序如图 8-1 所示。

1. 底槛安装

由测量人员用经纬仪配合钢卷尺设置孔口中心、门槽中心,用水准仪控制高程,并做好永久标记。先焊接调节螺栓,用调节螺栓控制底槛高程、水平度、中心等各项技术指标,调整底槛各项技术指标满足设计要求及相关规范要求时,进行焊接,对接焊缝先焊满,焊接完毕重新复测,如有变化,再进行调整,调整完毕即可加固;对于侧底槛,调整完毕之后,为防止浇筑二期混凝土时侧底槛上浮,侧底槛上部用调节螺栓临时固定,待二期混凝土有一定强度或与主轨、反轨相连接时再将调节螺栓除掉,用角磨机磨平并涂刷防锈漆。验收合格后可进行二期混凝土浇筑,混凝土达到一定强度后,方可进行主轨和反轨的安装。闸门底槛安装施工图如图 8-2 所示。

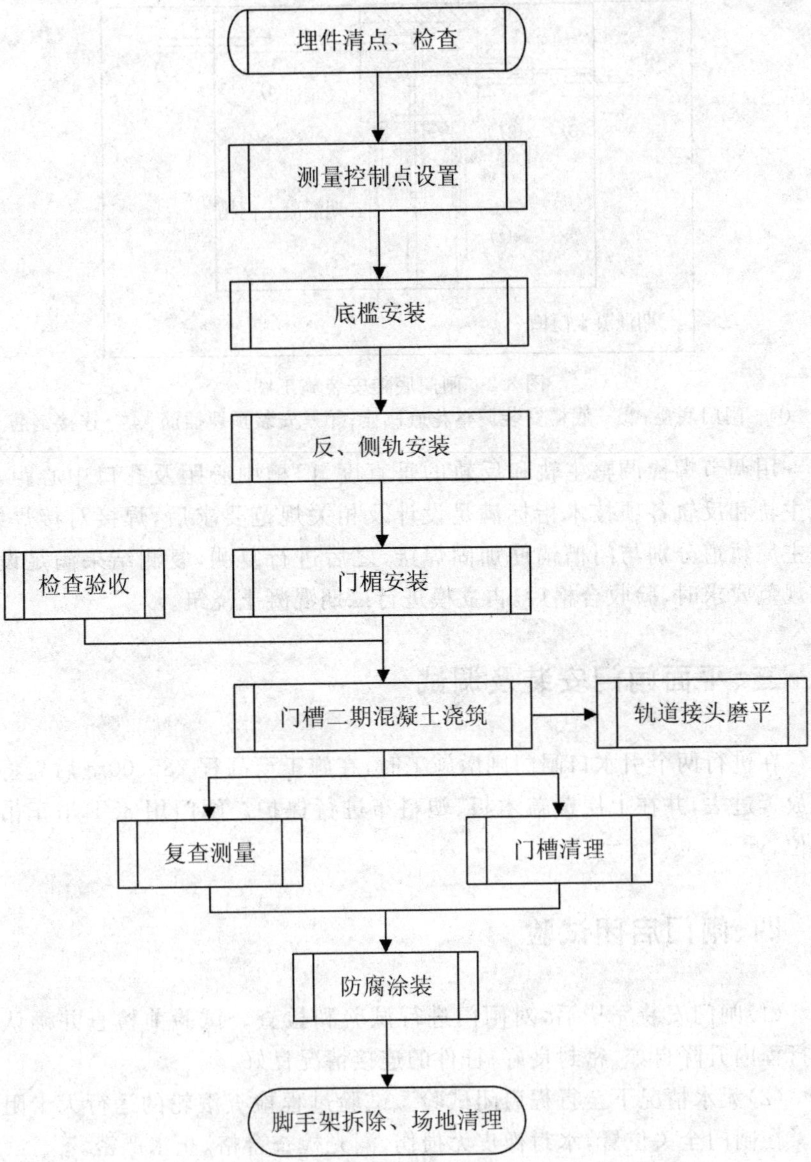

图 8-1　闸门埋件安装施工程序图

2. 主、反轨安装

先按照门槽中心线放置主轨和反轨控制点，并焊接上下拉线架，然后在测定的控制点上拉上钢丝线，焊接调整控制主轨和反轨的调节螺栓。

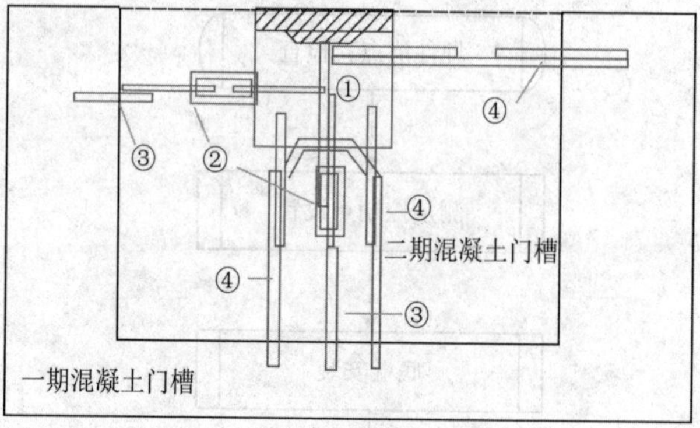

图 8-2　闸门底槛安装施工图

①—闸门底槛；②—底槛安装调整花篮螺栓；③—安装预埋插筋；④—连接钢筋

用调节螺栓调整主轨和反轨的垂直度、门槽中心距及孔口中心距，闸孔主轨和反轨各项技术指标满足设计及相关规范要求后，焊接对接焊缝，将主反轨道分别与门槽锚筋加固焊接，之后进行复测，复测结果满足设计和规范要求时，验收合格后，再立模进行二期混凝土浇筑。

三、平面闸门安装及调试

在进行两个引水口闸门闸墩施工时，在施工至高程 285.00m 后先将闸门放置进去，并在上层覆盖木板、塑料布进行保护。闸门用 35T 吊车吊装到位。

四、闸门启闭试验

(1)闸门安装完毕后，对闸门进行试验和检查。试验前检查并确认在其行程内升降自如、密封良好；杆件的连接情况良好。

(2)无水情况下全行程启闭试验。试验过程检查滚轮的运行无卡阻现象。在闸门全关位置，水封橡皮无损伤，漏光检查合格，止水严密。

(3)静水情况下的全行程启闭试验。本项试验在无水试验合格后进行。试验、检查内容与无水试验相同(水封装置漏光检查除外)。该检测项目采取的办法为通过封闭检修闸门和工作闸门后在上游河床使用水泵抽水、通气管道进水的方式进行。

(4)动水启闭试验。

第四节　启闭设备安装

一、固定卷扬式启闭机安装

（一）安装程序

固定卷扬式启闭机的成套设备安装程序如图 8-3 所示。

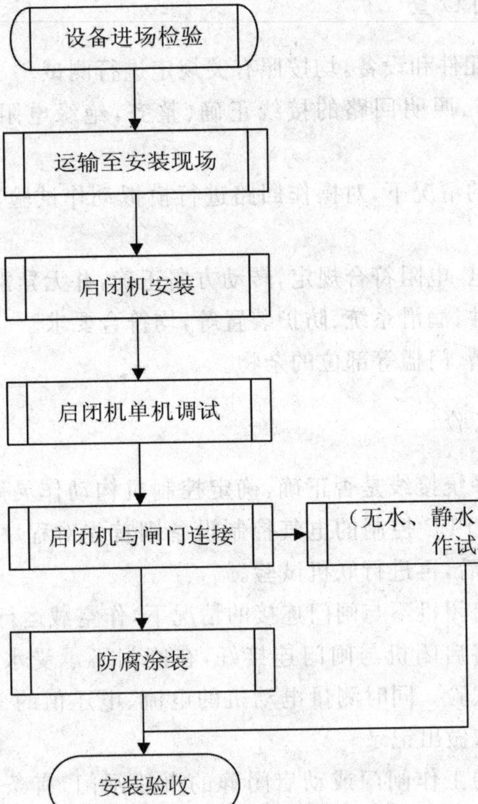

图 8-3　固定卷扬式启闭机安装施工程序图

（二）安装施工方法

(1)按制造厂提供的图纸和技术说明书要求进行安装、调试和试运转。

使安装好的启闭机和电气设备等的各项性能符合施工图纸及制造厂技术说明书的要求。

(2)启闭机设备待房屋建设完成且启闭机梁板强度达到设计强度后方开始安装。

(3)启闭机设备的线路采用提前预埋的方式进行施工,与其底部梁板混凝土浇筑时同步施工。设备安装完成后进行设备接地处理。

(4)每台启闭机安装、调试完毕后重新对启闭机进行清理,修补已损坏的保护油漆,并根据制造厂技术说明书的要求,灌注润滑脂。

(三)启闭机试运转

1. 启闭机运转前检查

(1)电气回路中的元件和设备,均按照有关规定进行测试。

(2)所有动力、操作、照明回路的接线正确、整齐,绝缘电阻不小于规定值。

(3)在不带电动机的情况下,对操作回路进行模拟动作试验,其动作准确可靠。

(4)电动机单独通电,电阻符合规定,转动方向正确,并无异常现象。

(5)检查机械零部件、润滑系统、防护装置等,均符合要求。

(6)检查并清除门槽、门槛等部位的杂物。

2. 启闭试运转试验

(1)首先检查电气系统接线是否正确,确定控制机构动作灵敏、正确后才能进行试验。对采用PLC控制的电气控制设备则首先对程序软件进行模拟信号调试正常无误后,再进行联机试验。

(2)空载试验。在启闭机不与闸门连接的情况下,作空载运行试验。

(3)带荷载试验。将启闭机与闸门连接好,在闸门不承受水压的情况下,作闸门全行程启闭试验。同时测量电动机的电流、电压值的变化情况。该试验重复三次,每次均做出记录。

(4)对于动水启闭的工作闸门或动启闭静的事故闸门,有条件时还在设计水头工况下做动水试验。所有试验记录均作为安装验收资料。

(5)在进行动水启闭工况的负荷试验前,编制试验大纲,报送监理人批准后实施。

二、液压启闭设备安装

(一)液压缸

在进行液压缸装置组装之前,应将缸体、缸盖、活塞、活塞杆、导向套(环)、密封件等所有零件清理干净,特别是内、外螺纹、沟槽、油口内壁等凹凸不平的部位必须采用特殊手段进行处理,不允许留存任何污物。应将零件表面的铁锈、氧化物、焊渣、油污、灰尘等彻底清洗干净。

液压缸上的安全阀、截止阀等可根据情况进行分解清洗。阀内弹簧不得有断裂,阀体应能自由升降而无卡阻现象。

(二)液压泵站

在进行液压泵站和阀组组装之前,应将油泵、阀件、连接油管、法兰和管接头等零部件清理干净,阀块应拆开清洗,不允许留存任何污物。

液压元件均应有产品合格证并具有质量证明书和厂内试压记录,外形整洁美观,无损坏现象。

泵站组装前所有液压阀件、油泵应单独通过出厂试验。所有管接头应分别进行耐压试验检查,不合格者不允许组装。

油箱表面彻底清除铁锈、氧化物、焊渣、油污、灰尘。

油箱应进行密闭性试验并满足要求。

(三)液压管道

组装前,管道应进行清洗,清洗后内壁不得有任何焊渣等异物。

液压管道采用氩弧焊接,禁止热弯。

液压管道布置应整齐,并便于安装与测试。

(四)液压启闭设备试验

液压缸、液压泵站、阀组等组装完毕并经检验合格后再进行试验。试验的内容及要求如下:

1)试验用油液的运动黏度为 $31 \sim 40mm^2/s$,过滤精度不低于 $10\mu m$。

2)液压缸试验:

(1)空载试验:在无负荷情况下,液压缸在全行程内往复运动 3 次,不允许出现外部漏油及爬行等不正常现象。

(2)最低动作压力试验:不加负荷,检测出油压从零增加到活塞杆平稳移动时最低启动压力，其值应不大于 0.5MPa。

(3)耐压试验：耐压试验的压力为液压缸额定工作压力的 1.25 倍，在试验压力下保持 10min 以上，不允许出现外部漏油、零部件永久变形和其他破坏现象。有杆腔和无杆腔应分别进行。

(4)外漏试验：在额定工作压力下，保压 30min，不允许出现外部漏油现象。有杆腔和无杆腔应分别进行。

(5)内漏试验：在额定工作压力下，保压 10min，检测出的内泄漏量应不大于：液压缸内径为 360～400mm 者为 5mL/min。有杆腔和无杆腔应分别进行。

3)油泵站运行中的噪音应低于 85dB。

4)液压缸、阀组和电器设备联动试验：

(1)在无负荷情况下进行，液压缸在全行程范围内往复运动应不少于 3 次。

(2)电气操作程序与阀组、液压缸的相应动作完全一致。

(3)电气设备的所有指示灯、显示仪表、操作开关、继电器触点、按钮等功能应完备正确，动作灵活。电气回路的绝缘电阻值应不小于 1.0MΩ。

(五)无损检测

无损检测方法主要采用磁粉法、染色法和超声波探伤。射线探伤用于高应力部件或某些关键部件的探伤。如其他方法检查、解释不清或有疑问时，也可采用射线探伤法。

第五节　其他金属结构安装

电动葫芦轨道安装前，先对钢轨单件的形状尺寸进行检查，发现有超值弯曲、扭曲等变形时，应进行矫正，并经监理人检查合格后再安装。

一、电动葫芦安装

电动葫芦的安装、调试和试运转按照施工图纸、制造厂技术说明书的要求和有关规范的规定进行。相关电气设备的安装，按施工图纸、制造厂技术说明书和有关规范的规定执行，全部电气设备按图纸可靠接地。

二、电动葫芦试运转

电动葫芦启闭机安装完毕后，首先按有关规范要求进行检查合格。然后会同监理人进行以下项目的试验：

空载试验，主要检验项目为起升机构和行走机构，按有关规范的规定检查机械和电气设备的运行情况，做到动作正确可靠、运行平稳、无冲击声和其他异常现象。

静荷载试验，按施工图纸要求，对主、副钩进行静荷载试验，以检验电动葫芦的机械和金属结构的承载能力。试验荷载依次采用额定荷载的70％、100％和125％，按有关规范的相应规定进行。

动荷载试验，按施工图纸要求，对各机构进行动荷载试验，以检验各机构的工作性能及门架的动态刚度。试验荷载依次采用额定荷载的100％和110％，试验时各机构应分别进行。当有联合动作试运转要求时，按施工图纸和监理人的指示进行。试验时，做重复的启动、运转、停车、正转、反转等动作，延续时间至少1h。达到：各机构应动作灵活，工作平稳可靠，各限位开关、安全保护联锁装置、防爬装置等动作应正确可靠，各零部件应无裂纹等损坏现象，各连接处不得松动。

第九章 施工管理

工程建设的施工管理，是工程施工业务的有机组成部分。施工管理水平，对于缩短建设周期，降低工程造价，提高施工质量，保证施工安全至关重要。

第一节 水利工程估算、概算与预算

工程的施工招标投标是确定工程建设承发包关系的一种方式，是工程建设项目实施阶段的必要环节，也是基本建设工作的基本内容之一。建设单位通过施工招标选择施工企业，施工企业则通过投标来获得工程建设项目，施工招投标是一种被广泛使用的交易手段和竞争方式，它对市场资源的有效配置起到了积极的作用。水利工程实行全面招标与投标制度，对确保工程质量、缩短建设工期、提高投资效益、降低工程造价、保护公平竞争以及推广应用先进技术等具有十分重要的意义，同时也对水利工程的勘测设计质量、施工企业素质的提高以及工程建设市场的良性发展有着很好的促进作用。

工程概预算泛指在工程建设实施以前对所需资金做出的预计。对不同工程建设阶段编制的工程概预算都有其特定名称。根据我国现行基本建设程序规定：在项目建议书阶段和可行性研究阶段应编制投资估算；在初步设计阶段应编制初步设计总概算；在施工准备阶段编制施工图预算和标底。

水利水电工程基本建设程序与各阶段的工程概预算关系如图 9-1 所示。从图 9-1 中可以看出，基本建设概预算及决算，从确定建设项目、控制建设投资、基本建设经济管理以及施工过程中的经济核算，直到后来的核定项目的固定资产，均是以价值形态贯穿于整个基本建设过程中。而且在基本建设不同阶段的工程概预算是随着设计深度的加深而逐步深化的，其中设计概算、施工图预算和竣工决算（通常称之为基本建设的“三算”），是基本建设概预算的重要内容，三者构成了缺一不可的有机联系的关系。即设计要编制概算、施工要编制预算、竣工要编制决算。根据国家有关规程规范规定，经审批的投资估算即为该项目国家计划控制造价，经审批的初步设计概算即为控制拟建项目工程造价的最高限额，一般不得突破。从原则上讲，要求估算能控制概算，概算能控制预算。

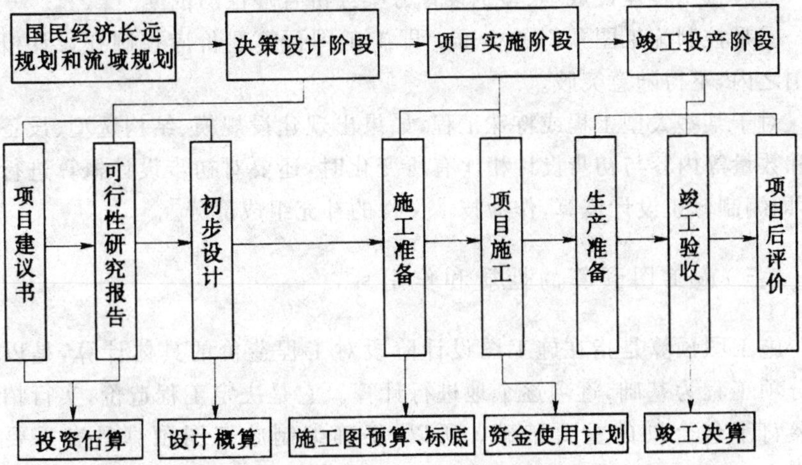

图 9-1　基本建设程序与工程概预算的关系图

一、概预算的性质和作用

（一）投资估算的性质和作用

投资估算为水利水电工程项目兴建决策提供了可靠的技术经济参考指标，同时它也是水利水电建设项目建议书、可行性研究报告的重要组成部分，是国家或主管部门确定基本建设投资计划的重要文件。估算的精确程度直接关系到对项目的决策的正确性。因此，概预算专业人员在编制投资估算时，必须深入调查研究，充分收集和掌握第一手资料，按国家现行规定选定定额标准和项目划分，通过分析比较，合理选取单价指标，以确保投资估算的准确性。

（二）设计概算的性质和作用

设计概算是为了投资额或费用而编制的一种文件。它是设计文件重要的、不可分割的组成部分。经审批的初步设计总概算一般有如下几个方面的作用：

①国家控制基建项目投资、编制年度基本建设计划的依据。

②国家主管部门与建设单位签订投资包干协议的依据。

③招标工程编制执行概算和标底的依据。

④建设银行接受办理工程项目拨款、贷款的依据。

⑤考核工程建设成本、鉴别设计方案经济合理性的依据。

⑥是控制施工图预算的标准。即施工图预算造价应控制在设计概算范围之内,不得随意突破。

对于某些大型工程或特殊工程,如果出现建设规模、结构选型、设备类型和数量等内容与初步设计相比有所变化时,还要对初步设计概算进行修正,即编制修正设计概算,作为技术文件的补充组成部分。

(三)施工图预算的性质和作用

施工图预算是指在施工图设计阶段对工程造价的具体计算,是以分部分项工程为基础,逐项逐个地进行计算。它是决定工程造价,实行招标和签订承包合同的重要基础。所以,正确编制施工图预算具有重要的意义。

施工图预算一般统称土建工程预算,是根据某单位工程的设计施工图纸与现行预算定额或单位估价表编制而成的,是工程业主与施工单位签订合同,银行拨款结算工程费用的依据,也是施工单位编制施工计划,加强经济核算的依据,它由施工单位编制。它是以货币形式表示的该扩大单位工程或单位工程的投资额的技术经济文件。

(四)施工预算的性质和作用

施工预算则是施工单位为向队、班组下达任务、筹备材料、安排劳力等而编制的一种预算。它是在施工图预算的控制下,套用施工定额编制而成的,作为施工单位内部各部门进行备工备料、安排计划、签发任务,作为内部经济核算的依据、控制各项成本支出的基准。

二、概预算费用的构成

由于水利工程经常包含多个种类的建筑群体,而且其涉及范围广、投资大、建设周期长、影响因素复杂。因此,为了便于编制水利工程概预算,需对一个水利工程建设项目系统地逐级划分为若干个各级项目和费用项目。在编制水利工程概(估)算时,水利工程项目划分是根据现行水利部

2002年颁发的水总[2002]116号文《水利工程设计概(估)算编制规定》(以下简称《编制规定》)的有关规定，结合水利工程的性质、特点和组成内容来进行项目划分。

1. 工程类别划分

水利工程按工程性质划分为两大类：一类是枢纽工程，另一类是引水工程及河道工程。

2. 水利工程概算构成

水利工程概算由工程部分、移民和环境两部分构成。

3. 工程部分项目划分

工程部分项目划分为五部分，即建筑工程、机电设备及安装工程、金属结构设备及安装工程、施工临时工程和独立费用。其中各部分又下设一级、二级、三级项目。

三、概预算的编制

(一)工程概预算的编制依据

工程概预算是与经济、政策与法规联系紧密的学科。编制的主要依据有：国家和上级主管部门颁发的有关法令、制度、规定；设计文件和图纸；水利工程设计概(估)算编制规定；国家或各部委、省、自治区、直辖市颁发的设备、材料出厂价格，有关合同协议等。

(二)工程概预算的编制程序

1. 了解工程概况

从事各阶段概预算编制工作，需要熟悉设计文件与设计工作的成果。从而了解工程规模、地形地质、枢纽布置等具体内容。

2. 调查研究、搜集资料

深入现场，实地踏勘，了解与工程相关的情况；到上级主管部门以及工程所在地调查了解与工程成本相关的资料；了解相关的新技术、新工艺、新定额资料的搜集与分析。为编制补充施工机械台时费和补充定额搜集必要的资料。

3. 基础单价的编制

水利工程概预算基础单价有:人工、材料预算单价,施工用风、水、电预算价格;施工机械台时费用以及砂石料单价。

基础单价是编制工程单价时计算人工费、材料费和机械使用费所必需的最基本的价格资料,是编制工程概预算中最重要的基础数据,必须按实际资料和有关规定慎重地计算确定。

4. 主要工程单价的编制

投资估算是水利工程建设项目可行性研究报告的重要组成部分,是国家选定水利水电建设项目和批准进行初步设计的重要依据,估算的准确程度直接影响着对项目的决策和决策的正确性。具体编制时,要求编制主体建筑工程、导流工程和主要设备安装工程单价,对其他建筑工程、交通工程、其他设备安装工程及临时工程则应根据有 关规定确定指标或费率。

设计概算是初步设计文件中的重要组成部分,其主要内容包括一个建设项目从筹建到竣工验收过程中发生的全部费用。在具体编制时,应根据有关规定编制如下工程单价:主要建筑工程中除细部结构以外的所有项目、交通工程中的主要工程、设备安装工程、临时工程中的施工导流工程和施工交通工程中影响投资较大的项目。

经批准的初步设计总概算在项目建设中起着重要的组织和控制作用,它是建设项目全部费用的最高限额文件。在概算阶段,设计概算一般按规定划分至三级项目计算工程单价。

施工图预算的内容包括建筑工程费用和设备安装工程费用两部分,它是确定建筑产品预算价格的文件。具体编制时要求根据施工图、施工组织设计和预算定额及费用标准,以单位工程或扩大单位工程为对象,按分部分项的四～五级项目编制建筑安装工程单价。

5. 计算工程量

工程量的计算在工程概预算编制中占有相当重要的地位,其计算精度直接影响到编制工作的质量。计算时必须按施工图纸和《水利水电工程设计工程量计算规定》(SL 328—2005)进行操作和计算。

6. 编制各种概预算表

投资估算要编制工程投资估算表和分年度投资估算表，最后汇总为工程投资总估算表。

设计概算要分别编制建筑工程、机电设备及安装工程、金属结构设备及安装工程、临时工程及独立费用概算表，在此基础上编制永久工程综合概算表、分年度投资表和总概算表。

由于施工图设计阶段常根据工期分期提出施工图纸，所以施工图预算也可根据先后施工的工程项目（一级或二级项目）分期编制。施工图预算只编制本工程项目建筑工程与设备安装工程预算表。

7. 编制说明书及附件

编制说明主要内容包括：工程规模、工程地点、对外交通方式、资金来源、主要编制依据、人工与主要材料及设备预算价格的计算原则、工程总投资和总造价、单位投资和单位造价以及其他必要的说明。最后填列主要技术经济指标简表。

附件基本都是前述各项工作的计算书及成果汇总表。

第二节　施工进度控制

一、进度的概念

进度通常是指工程项目实施结果的进展情况，在工程项目实施过程中要消耗时间（工期）、劳动力、材料、成本等才能完成项目的任务。在现代工程管理中，对于进度有了新的定义，它将工程项目任务、工期、成本等有机地结合在一起，形成一个综合的指标，来全面反映项目的实施状况。进度控制已不只是传统的工期控制，而且将工期与工程实物、成本、劳动消耗、资源等统一起来。

二、进度指标

进度控制的基本对象是工程活动。它包括项目结构图上各个层次的单元，上至整个项目，下至各个工作包（有时直到最低层次网络上的工程活动)。项目进度状况通常是通过各工程活动完成程度(百分比)逐层统计汇总计算得到的。进度指标的确定对进度的表达、计算、控制有很大影响。由于一个工程有不同的子项目、工作包,它们工作内容和性质不同,必须挑选一个共同的、对所有工程活动都适用的计量单位。通用的进度指标有持续时间、按工程活动的结果状态数量描述、已完成工程的价值量、资源消耗指标。

三、进度控制的过程

(1)采用各种控制手段保证项目及各个工程活动按计划及时开始,在工程过程中记录各工程活动的开始时间和结束时间及完成程度。

(2)在各控制期末(如月末、季末,一个工程阶段结束)将各活动的完成程度与计划对比,确定整个项目的完成程度,并结合工期、生产成果、劳动效率、消耗等指标,评价项目进度状况,分析其中的问题。

(3)对下期工作作出安排,对一些已开始但尚未结束的项目单元的剩余时间作估算,提出调整进度的措施,根据工程已完成状况作出新的安排和计划,调整网络,重新进行网络分析,预测新的工期状况。

(4)对调整措施和新计划作出评审,分析调整措施的效果,分析新的工期是否符合目标要求。

第三节　施工成本控制

一、施工成本管理的基础性工作

施工成本管理的基础工作主要有如下几方面。

1. 强化施工项目成本管理观念

一直以来,施工企业的成本核算都归工区或者工程处,因此施工项目的成本经常被忽视。施工企业实行项目管理要求全体人员必须具备经济观念、效益观念和成本观念,这项制度从根本上改变了建筑业的体制。

2. 加强定额管理

定额是在一定的生产技术组织条件下,在经济活动中为达到一定目标而对人力、物力、财力的利用和消耗所规定的数量与质量标准。加强定额管理是企业或项目经理部降低成本的一项重要管理制度。

3. 建立和健全原始记录与统计工作

原始记录是生产经营的第一次直接记录，是进行各项工作的基础。施工企业应统一规定各种原始凭证的格式内容和计算方法以及填写、签署、报送、传递、保存等制度。

4. 加强计量及验收制度

计量是指用统一规定的计量仪器，按统一的计量单位，用科学的检测方法，对计量对象的量和数进行的数据采集及传递的工作。

建立健全计量和验收制度，设置必要的计量设备，建立出入库检查制、计量和验收工作是经济核算和成本管理的重要一环，它为各部门提供可靠的数据，是成本校核的必要条件。根据施工和物资管理的特点，配备必要的计量器具。一切物资的收、发、领、退、都要按规定办理手续，准确计量、校验，对库存物资和现场材料要定期盘点，做到账物相符。施工中的各种消耗，一般都应以计量的实际消耗为准，不应估算；施工完成的工程量应以测量和计量的数据办理工程价款的结算。

5. 建立和健全各项责任制度

对施工项目成本进行全过程的成本管理，不仅需要有周密的成本计划和目标，更重要的是需要为实现这种计划和目标的控制方法及项目施工中有关的各项责任制度。

二、施工成本管理的内容

施工项目成本管理的内容包括施工项目成本预测、成本计划、成本控制、成本核算、成本分析和成本考核，每个环节不是独立存在的，而是相互关联的，通过这些环节的工作，使项目中的各类成本按照一定的目标进行，将实际成本控制在预定范围内。

（一）施工项目成本预测

施工项目成本预测是成本计划的基础，成本预测对提高成本计划的科学性、降低成本和提高经济效益，具有重要的作用。加强成本控制，首先要抓成本预测。

施工项目成本预测要根据施工项目的具体情况，还要结合其他因素，对未来的成本水平与发展态势做出科学的评估。

现代预测方法种类很多，发展迅速，但一般可分为两大类：定性预测方法和定量预测方法。常用的定性预测方法有专家会议法和专家调查法。定量预测方法有时间序列预测法和回归预测法。

（二）施工项目成本计划

施工项目成本计划是以货币形式编制施工项目在计划期内的生产费用、成本水平、成本降低率以及为降低成本所采取的主要措施和规划的书面方案。它是建立施工项目成本管理责任制、开展成本控制和核算的基础。

投标报价一般由工程技术部门负责的。工程技术部门的投标班子根据招标文件、图纸和调查了解的材料，设备和业务价格资料，做出报价单。这个报价单当然是有着科学依据的，但又是比较粗糙的。例如，在报价阶段，对各项管理费用，临时设施，机器设备等的计算和分摊办法，往往是凭经验数据估算的，对于税收、利润等则大部分是采用系数法粗略估计。而编制成本计划则要求细致具体，要同成本会计制度密切结合和协调。因此，成本计划一般要由工程技术部门和财务部合作，共同编制。

成本计划是依据最后签订的合同价格，工程量价格单和投标报价计算书等资料编制的。由于合同价格和工程量价格单是按各项工程量与其单价的乘积求得，而每项工程内容的单价是包括材料费、机具设备费、劳务费和各种管理费用的综合价格，这种综合价格不便于进行控制和分析。而作为成本分析，则需要将综合单价及总价按材料、设备、劳务和管理费用等分解，分类汇总。

1. 材料成本控制计划

按投标报价计算的单价估价表中的材料用量汇集统计，各月所需材料用量统计的精细程度可根据需要列出。由于材料是分批购买的，因此，在统计表中，可以将实际发生的单价及总价多列几栏，以便在控制过程中根据情况列出是已发生数和今后预计调整数等。

2. 生产设备成本控制计划

同材料一样，列出细目进行控制。

3. 施工机具成本控制计划

施工机具设备可以根据不同的成本核算习惯列表。大致有两类费用:一是利用设备而发生的费用支出;二是设备投入运转发生的费用。前者主要是所购设备机具的折旧费摊销,后者主要包括燃料、零配件和修理费。

4. 劳务费成本控制计划

可按投标报价计算中的劳务数量估计劳务来源和工资等各项成本费用,重新核算。控制劳务费用的主要措施是合理安排进场和退场人员的时间,避免窝工现象,减少辅助生产人员、提高工效、降低劳务成本等。

5. 临时工程费用成本控制计划

根据施工组织设计中临时工程项目内容制订计划。因工程规模和工期长短不同而不同,工程费用的差别是很大的。

6. 管理费用成本控制计划

由于投标计算时是按多数法估算的,在签订合同后,可以较详细地分项核算,编制出接近现实的控制计划。管理费包括直接管理费,工程总管理费和间接管理费。

(三)施工项目成本控制

施工项目成本控制是指项目在施工过程中,对影响施工的各项成本因素进行管理,并采取适当的措施,将施工中的各类消耗与支出严格控制在合理的范围内,严审各项费用是否符合标准,计算实际与计划间的差异并进行分析,坚决杜绝施工浪费,在施工中发现与总结先进经验。通过成本控制,能够实现甚至超过预期的成本目标。成本控制贯穿于整个施工过程,是企业管理的重要环节。

成本控制应做到开源与节流相结合的原则、全面控制原则、中间控制原则、目标管理原则、节约原则、例外管理原则、责、权、利相结合的原则等。

施工成本控制方法很多,但一般来说主要包括以下几个方面:①施工图预算控制成本支出;②以施工预算控制各种资源的消耗;③应用成本与进度同步跟踪的方法控制项目成本;④加强质量管理,控制质量成本、加强合同管理,注意工程变更对项目成本的影响;⑤定期开展“三同步”检查,防止项目盈亏异常;⑥应用成本分析报表控制项目成本;⑦坚持现场管理标准化,堵塞浪费漏洞。以上的成本控制方法,不可能同时在一个工程中同时使用,需要根据具体情况选择有针对性的、简单实用的方法,往往会起到事半功倍的效果。

(四)施工项目成本核算

施工项目成本核算是指对项目施工过程中所发生的各种费用和形成的施工项目成本进行核算。它包括两个基本环节:①按照规定的成本开支范围对施工费用进行归集,计算出施工费用的实际发生额;②根据成本核算对象,采用适当的方法,计算出该施工项目的总成本和单位成本。

正确计价是合理计算生产耗费,确定工程实际成本的前提。企业可以根据企业的管理体制和各项定额、价格,制定内部机构台班单价,人工单价,各种服务收费价格,但必须遵守工程项目所适用的财务制度和会计准则。

编制施工预算,可以把施工预算作为目标成本,把工料费开支水平控制在施工预算之内,或按施工定额的工料消耗额和施工管理费定额控制成本开支。施工预算是进行内部成本核算,作业计划,签订分包合同和签发施工任务单的主要依据。

(五)施工项目成本分析

施工项目成本分析是在成本形成过程中,对施工项目成本进行的对比评价和剖析总结的工作,它贯穿于施工项目成本管理的全过程,也就是施工项目成本分析主要利用施工项目的成本核算资料,与计划成本、预算成本以及类似的施工项目的实际成本等进行比较,了解成本的变动情况,系统地研究成本变动的因素,检查成本计划的合理性,深入揭示成本变动的规律,寻找降低施工项目成本的途径,以便有效地进行成本控制。

(六)施工项目成本考核

施工项目成本考核是在施工项目完成后,对施工项目成本形成中的各责任者,按施工项目成本目标责任制的有关规定,将成本的实际指标与计划、定额、预算进行对比和考核,评定施工项目成本计划的完成情况和各责任者的业绩,并以此给以相应的奖励和处罚。通过成本考核,做到有奖有惩,赏罚分明。

三、降低施工成本的途径

成本管理的管理对象是一个具体的工程项目，在施工期间，项目成本能否降低会直接影响项目有无经济效益。为了确保项目成本必盈不亏，成本控制不仅必要，而且要尽可能的降低施工成本。不断降低工程成本，是工程成本管理的一项重要任务，应按工程预算项目编制工程成本计划，提出降低成本的要求、途径和措施，并层层落实到工区、施工队和班组，向职工提出奋斗目标，以期完成和超额完成成本计划。

制订工程成本计划，要明确降低工程成本的途径，并制定出相应降低工程成本的措施。降低工程成本的措施一般需要做到8点：①认真会审图纸，积极提出修改意见；②加强合同预算管理，增创工程预算收入；③制定先进的、经济合理的施工方案；④落实技术组织措施；⑤组织均衡施工，加快施工进度；⑥降低材料成本；⑦提高机械利用率；⑧用好用活激励机制，调动职工增产节约的积极性等。

第四节　施工质量控制

一、工程项目质量和质量控制的概念

(一)工程项目质量

质量是反映实体满足明确或隐含需要能力的特性的总和。工程项目质量是国家现行的有关法律、法规、技术标准、设计文件及工程承包合同对工程的安全、适用、经济、美观等特征的综合要求。

从功能和使用价值来看，工程项目质量主要体现在适用性、可靠性、经济性、外观质量与环境协调等方面。由于工程项目是依据项目法人的需求而兴建的，故各工程项目的功能和使用价值的质量应满足不同项目法人的需求，并无一个统一的标准。

从工程项目质量的形成过程来看，工程项目质量包括工程建设各个阶段的质量，即可行性研究质量、工程决策质量、工程设计质量、工程施工质量、工程竣工验收质量。

工程项目质量具有两个方面的含义：①指工程产品的特征性能，即工程产品质量;②指参与工程建设各方面的工作水平、组织管理等,即工作质量。

(二)工程项目质量控制

质量控制是指为达到质量要求所采取的作业技术和活动,工程项目质量控制实际上就是对工程在可行性研究、勘测设计、施工准备、建设实施、后期运行等各阶段、各环节、各因素的全程、全方位的质量监督控制。工程项目质量有个产生、形成和实现的过程,控制这个过程中的各环节,以满足工程合同、设计文件、技术规范规定的质量标准。在我国的工程项目建设中,工程项目质量控制按其实施者的不同,包括以下三个方面:①项目法人的质量控制;②政府方面的质量控制;③承包人方面的质量控制。

二、工程项目质量的特点

由于建筑产品具有位置固定、生产流动性、项目单件性、生产一次性、受自然条件影响大等特点,这些决定了工程项目质量具有以下特点:①影响因素多;②质量波动大;③质量变异大;④质量具有隐蔽性;⑤终检局限性大。

三、工程项目质量控制的原则

在工程项目建设过程中,对其质量进行控制应遵循以下几项原则:①质量第一原则;②用数据说话原则;为用户服务原则;③预防为主原则;④质量第一原则。

四、工程项目质量控制的任务

工程项目质量控制的任务就是根椐国家现行的有关法规、技术标准和工程合同规定的工程建设各阶段质量目标实施全过程的监督管理。由于工程建设各阶段的质量目标不同,因此需要分别确定各阶段的质量控制对象和任务。

(一)工程项目决策阶段质量控制的任务

(1)审核可行性研究报告是否符合国民经济发展的长远规划、国家经济建设的方针政策。

(2)审核可行性研究报告是否符合工程项目建议书或业主的要求。

(3)审核可行性研究报告是否具有可靠的基础资料和数据。
(4)审核可行性研究报告是否符合技术经济方面的规范标准和定额等指标。
(5)审核可行性研究报告的内容、深度和计算指标是否达到标准要求。

(二)工程项目设计阶段质量控制的任务

(1)审查设计基础资料的正确性和完整性。
(2)编制设计招标文件,组织设计方案竞赛。
(3)审查设计方案的先进性和合理性,确定最佳设计方案。
(4)督促设计单位完善质量保证体系,建立内部专业交底及专业会签制度。
(5)进行设计质量跟踪检查,控制设计图纸的质量。

(三)工程项目施工阶段质量控制的任务

施工阶段质量控制是工程项目全过程质量控制的关键环节。根据工程质量形成的时间,施工阶段的质量控制又可分为质量的事前控制、事中控制和事后控制,其中事前控制为重点控制。

(四)工程项目保修阶段质量控制的任务

(1)审核承包商的工程保修书。
(2)检查、鉴定工程质量状况和工程使用情况。
(3)对出现的质量缺陷,确定责任者。
(4)督促承包商修复缺陷。
(5)在保修期结束后,检查工程保修状况,移交保修资料。

五、工程项目质量影响因素的控制

在工程项目建设的各个阶段,对工程项目质量影响的主要因素就是"人、机、料、法、环"等五大方面。为此,应对这五个方面的因素进行严格的控制,以确保工程项目建设的质量。

第五节 施工安全与环境管理

一、施工安全管理的目的和任务

施工项目安全管理的目的是最大限度地保护生产者的人身安全,控制影响工作环境内所有员工(包括临时工作人员、合同方人员、访问者和其他有关人员)安全的条件和因素,避免因使用不当对使用者造成安全危急,防止安全事故的发生。

施工安全管理的任务是建筑生产安全企业为达到建筑施工过程中安全的目的,所进行的组织、控制和协调活动,主要内容包括制定、实施、实现、评审和保持安全方针所需的组织机构、策划活动、管理职责、实施程序、所需资源等。

二、施工安全管理的特点

1. 安全管理的复杂性

水利工程施工具有项目的固定性、生产的流动性、外部环境影响的不确定性,这决定了施工安全管理的复杂性。

2. 安全管理的多样性

受客观因素影响,水利工程项目具有多样性的特点,使得建筑产品具有单件性,每一个施工项目都要根据特定条件和要求进行施工生产,安全管理具有多样性特点。

3. 安全管理的协调性

施工过程的连续性和分工决定了施工安全管理的协调性。

4. 安全管理的强制性

工程建设项目建设前,已经通过招标投标程序确定了施工单位。由于目前建筑市场供大于求,施工单位大多以较低的标价中标,实施中安全管理费用投入严重不足,不符合安全管理规定的现象时有发生,从而要求建设单位和施工单位重视安全管理经费的投入,达到安全管理的要求,政府也要加大对安全生产的监管力度。

三、环境安全管理的概念及意义

(一)环境安全管理的概念

环境安全是指在工程项目施工过程中保持施工现场良好的作业环境、

卫生环境和工作秩序。环境安全主要包括以下几个方面的工作：

(1)规范施工现场的场容，保持作业环境的清洁卫生。

(2)科学组织施工，使生产有序进行。

(3)减少施工对当地居民、过路车辆和人员及环境的影响。

(4)保证职工的安全和身体健康。

环境保护是按照法律法规、各级主管部门和企业的要求，保护和改善作业现场的环境，控制现场的各种粉尘、废水、固体废弃物、噪声、振动等对环境的污染和危害。环境保护也是文明施工的重要内容之一。

(二)现场环境保护的意义

(1)保护和改善施工环境是保证人们身体健康和社会文明的需要。采取专项措施防止粉尘、噪声和水源污染，保护好作业现场及其周围的环境是保证职工和相关人员身体健康、体现社会总体文明的一项利国利民的重要工作。

(2)保护和改善施工现场环境是消除外部干扰、保护施工顺利进行的需要。随着人们的法制观念和自我保护意识的增强，尤其是对距离当地居民或公路等较近的项目，施工扰民和影响交通的问题比较突出，项目部应针对具体情况及时采取防治措施，减少对环境的污染和对他人的干扰，这也是施工生产顺利进行的基本条件。

(3)保护和改善施工环境是现代化大生产的客观要求。现代化施工广泛应用新设备、新技术、新的生产工艺，对环境质量要求很高，若有粉尘或振动超标就可能损坏设备，影响功能发挥，使设备难以发挥作用。

(4)保护和改善施工环境是为了更好地保护人类的生存环境，促进社会与企业的健康、可持续发展。

在面对环境污染的巨大挑战，每个公民都有义务和责任保护环境，良好的生存环境也为企业的发展创造了积极条件。

四、环境安全的组织与管理

(一)组织和制度管理

(1)施工现场应成立以项目经理为第一责任人的文明施工管理组织。分包单位应服从总包单位的文明施工管理组织的统一管理，并接受监督检查。

(2)各项施工现场管理制度应有文明施工的规定，包括个人岗位责任制、经济责任制、安全检查制度、持证上岗制度、奖惩制度、竞赛制度和各项专业管理制度等。

(3)加强和落实现场文明检查、考核及奖惩管理，以促进施工文明和管理工作的提高。

检查范围和内容应全面周到，包括生产区、生活区、场容场貌、环境文明及制度落实等内容。应对检查发现的问题采取整改措施。

(二)收集环境安全管理材料

(1)上级关于文明施工的标准、规定、法律法规等资料。

(2)施工组织设计(方案)中对施工环境安全的管理规定、各阶段施工现场环境安全的措施。

(3)施工环境安全自检资料。

(4)施工环境安全教育、培训、考核计划的资料。

(5)施工环境安全活动各项记录资料。

(三)加强环境安全的宣传和教育

(1)在坚持岗位练兵的基础上，要采取派出去、请进来、短期培训、上技术课、登黑板报、听广播、看录像、看电视等方法狠抓教育工作。

(2)要特别注意对临时工的岗前教育。

(3)专业管理人员应熟练掌握文明施工的规定。

第六节　工程招投标与合同管理

一、工程招标与投标

工程项目招标是建设单位(项目业主)将拟建项目的全部或部分工作内容和要求，以文件的形式招引有兴趣的项目承包单位(承包商)，要求承包商按照规定条件各自提出完成该项目的计划和实施价格，业主从中择优选定建设时间短、技术力量强、质量好、报价低、信誉度高的承包单位，通过签订合同的方式将招标项目的工作内容交予其完成的活动。对于业主来说，招标就是择优选择。由于工程项目性质和业主对项目的评价的标准不同，择优的侧重面会有不同，一般会包含如下几个方面：较低的价格、先进的技术、优良的质量和较短的工期。业主通过招标从众多的投标者中进行了评选，综合考虑上述四个方面的因素和业主的侧重面，最后确定中标者。

工程项目投标是指承包商向招标单位提出承包该工程项目的价格和条件，供招标单位选择以获得承包权的活动。对于承包商来说，参与投标就如同参加一场赛事竞争。因为它关系到企业的存亡，这场竞争不仅比拼的是价格，更多的是技术水平与企业信誉。

标是指发标单位标明的项目的内容、条件、工程量、质量、标准等要求以及不公开的工程价格(标底)。

水利水电工程招标投标不仅广泛应用于工程建设项目的施工，在材料与机械设备的采购、科研攻关技术合作、勘测规划设计等方面也被广泛采用。

招投标必须满足《水利工程建设项目招标投标管理规定》的基本要求才可以进行招投标活动。

（一）工程招标

1. 招标方式

(1)公开招标。招标单位通过各种媒体(报刊、广播、电视等)发布招标公告，凡符合公告要求的承包商均可申请投标，经资格审查合格后，按规定时间进行投标竞争。

公开招标的优点是招标单位有较大的选择范围，可在众多的投标单位之间选择报价合理、工期较短、信誉良好的投标单位。公开招标有助于开展竞争，打破垄断，促使投标单位努力提高工程质量和服务水平，缩短工期和降低成本；其缺点是招标单位审查投标者资格及其证书的工作量比较大，招标费用的支出也比较大。

公开招标正好符合了招标中的公开、公正、竞争的基本原则，因此，在招标实践中都已经确立了其牢固的甚至是优先的地位。

(2)邀请招标。邀请招标又称选择性招标或限制性招标。基于潜在投标人的数量有限和招标采购的经济性考虑而采用的招标方法。招标单位根据通过信息分析或咨询公司的推荐，选择几家有能力承担该工程或该采购任务、信誉良好的承包商，邀请其参加投标。被邀请的投标单位数目以5～10家为宜，但不应少于3家，否则就失去竞争性。

与公开招标相比，其优点是不发布招标公告，不进行资格预审，简化了招标程序，因此，节省了招标费用和时间。而且由于对承包商比较了解，减少了违约的风险；邀请招标的缺点是由于投标竞争性差，有可能将好的承包商排除在外，而且可能抬高标价。

(3)议标。议标是由建设单位逐一邀请某些承包商进行协商，直到与某一承包商达成协议将工程任务委托其去完成。

2. 招标程序

施工招标一般可分为三个阶段，即招标准备阶段、招标阶段、决标阶段。

《水利工程建设项目招标投标管理规定》中规定了水利工程建设的招标程序，限于篇幅，这里将不再赘述。

(二)工程投标

施工企业在获知招标信息后或得到招标邀请后，应根据工程的建设条件、工程质量和自身的承包能力等主观因素，决定是否参加投标。施工企业在决定参加投标以后，为了在竞争的投标环境中取得较好的结果，必须认真做好各项投标工作，主要有：设立投标工作机构；按要求办理投标资格审查；取得招标文件；仔细研究招标文件；弄清投标环境，制定投标策略；编制投标文件；按时报送投标文件；参加开标、决标过程中的有关活动。

1. 投标工作机构

为了适应投标工作的需要，施工企业应设立投标工作机构，其成员应由企业领导以及熟悉招投标业务的技术、计划、合同、预算和供应等方面的专业人员组成。

投标工作班子的成员不宜过多，最终决策的核心人员，应限制在企业经理、总工程师和合同预算部门负责人范围之内，以利对投标报价的保密。

2. 研究招标文件

仔细研究招标文件，弄清其内容和要求，以便全面部署投标工作。

3. 弄清投标环境

投标环境主要是指投标工程的自然、经济、社会条件以及投标合作伙伴、竞争对手和谈判对手的状况。弄清这些情况，对于正确估计工程成本和利润，权衡投标风险，制定投标策略，都有重要作用。

4. 制定投标策略

施工企业为了在竞争的投标活动中，取得满意的结果，必须在弄清内外环境的基础上，制定相应的投标策略，以指导投标过程中的重要活动。

5. 编制投标文件

投标人编写的投标文件的内容应符合招标书的要求，主要内容有：投标书综合说明工程总报价；按照工程量清单填写单价分析、单位工程造价、全部工程总造价；施工组织设计；保证工程质量、进度和施工安全的主要组织保证和技术措施；计划开工、各主要阶段进度安排和施工总工期；参加工程施工的项目经理和主要管理人员、技术人员名单；工程临时设施用地要求；招标文件要求的其他内容和其他应说明的事项。

投标报价是投标的关键性工作。在编制投标报价时，投标人要按照招标文件的规定采用现行市场价格、定额及取费标准等，根据本企业的管理水平、技术措施和工程施工计划等条件确定。投标报价对于投标成败和承包项目的盈亏起决定作用，所以投标人应当合理确定投标价格，不能以低于成本的报价竞标。《水利工程建设项目施工招标投标管理规定》要求“施工企业应根据自身的实际能力，正确选择投标项目。对一个投标项目，只允许投一次标，一次标只能填一个报价。”

二、合同管理

(一)合同分析

合同分析是将合同目标和合同条款规定落实到合同实施的具体问题和具体事件上，用以指导具体工作，使合同能顺利地履行，最终实现合同目标。合同分析应作为工程施工合同管理的起点。

(二)合同交底

合同交底是以合同分析为基础、以合同内容为核心的交底工作，涉及合同的全部内容，特别是关系到合同能否顺利实施的核心条款。合同交底的目的是将合同目标和责任具体落实到各级人员的工程活动中，并指导管理及技术人员以合同为行为准则。

(三)合同实施控制

1. 合同控制的作用

(1)进行合同跟踪，分析合同实施情况，找出偏离，以便及时采取措施，调整合同实施过程，达到合同总目标。

(2)在整个工程过程中,能使项目管理人员一直清楚地了解合同实施情况,对合同实施现状、趋向和结果有一个清醒的认识。

2. 合同控制的依据

(1)合同和合同分析结果,如各种计划、方案、洽商变更文件等,是比较的基础,是合同实施的目标和依据;

(2)各种实际的工程文件,如原始记录,各种工程报表、报告、验收结果、计量结果等;

(3)工程管理人员每天对现场的书面记录。

3. 合同控制措施

(1)合同问题处理措施。

分析合同执行差异的原因及差异责任,进行问题处理。

(2)工程问题处理措施。

工程问题处理措施包括技术措施、组织和管理措施、经济措施和合同措施。

(四)工程合同档案管理

合同的档案管理是对合同资料的收集、整理、归档和使用,合同资料的种类如下:

(1)合同资料,如各种合同文本、招标文件、投标文件、图纸、技术规范等;

(2)合同分析资料,如合同总体分析、网络图、横道图等;

(3)工程实施中产生的各种资料,如发包人的各种工作指令、签证、信函、会议纪要和其他协议,各种变更指令、申请、变更记录,各种检查验收报告、鉴定报告;

(4)工程实施中各种记录、施工日记等,官方的各种文件、批件,反映工程实施情况的各种报表、报告、图片等。

第十章　大坝金属结构安全评价

本章依据《水库大坝安全评价导则》SL 258—2000，并以鸭河口水库和打磨岗灌区烟草水源工程大坝枢纽工程项目为例进行大坝金属结构安全评价。

第一节　鸭河口水库金属结构安全评价

鸭河口水库位于长江流域汉江支流的白河上游，坝址在河南省南召县东台头村，鸭河入白河的交汇口处。水库施工分五个阶段：第一阶段，1958—1960年完成大坝填筑、老溢洪道开挖、左岸输水洞和电站施工；第二阶段1960—1966年完成老溢洪道、大坝照明和电站机组安装等工程；第三阶段1966—1982年加固续建配套工程及右岸电站；第四阶段1988—1992年进行第一次除险加固工程，增加新溢洪道泄洪闸和大坝加高。2009—2011年进行第二次除险加固工程，目前水库按千年一遇洪水设计，万年一遇洪水校核。

一、安全评价依据和方法

(一)检测资料

按照《水库大坝安全评价导则》(SL 258—2000)的规定，安全分析评价根据现场检查、安全检测和计算分析的方法进行综合评定。现场检查和安全检测工作已由鸭河口水库管理局委托东营市汇科工程质量检测有限公司进行，并完成了安全检测报告。检测的项目、具体数据、发现的问题及结论建议详见该报告的有关章节。

(二)安全评价方法

本次金属结构设备安全分析评价全部按新的调洪标准和现行规范进行计算：按千年一遇洪水进行设计，按万年一遇洪水位进行校核；按《水利水电工程钢闸门设计规范》(SL 74—2013)、《水利水电工程启闭机设计规范》(SL 41—2011)执行和《水利水电工程金属结构报废标准》(SL 226—98)执行。

本次分析计算是按照原图纸,并结合东营市汇科工程质量检测有限公司提供的《河南省鸭河口水库安全工程质量检测报告》中的闸门锈蚀情况进行综合分析,锈蚀厚度既考虑该部件的最大锈蚀量,也考虑其平均锈蚀量。

(三)设备安全评价

根据设备类型逐台进行安全评价,再根据逐台设备评价结果对金属结构设备做出综合评价。对于输水洞启闭机、溢洪道启闭机,按照原图纸,并结合东营市汇科工程质量检测有限公司提供的《河南省鸭河口水库安全工程质量检测报告》中的检测结果进行分析评价。

二、1#溢洪道

1#溢洪道位于右岸第一大山凹,右输水洞右侧,2009 年~2011 年进行第二次除险加固工程,泄洪闸共 4 孔,每孔设置 1 扇弧形工作钢闸门,工作闸门前增设检修闸门和检修启闭设备。

(一)安全检测

东营市汇科工程质量检测有限公司安全检测报告,检测 1#溢洪道弧形工作闸门和液压启闭机存在下列问题:

1. 闸门外观检查和安全性能检测

1#溢洪道弧形闸门焊接外观质量差,部分焊缝有裂纹、缩孔,闸门构件总体上存在锈蚀,防腐涂层有多处流挂、鼓泡,附着力测试涂层无剥离现象,涂层厚度统计一般为 195~250μm 之间,基本满足要求。

按 GB/T 14173—2008《水利水电工程钢闸门制造安装及验收规范》和 GB/T 11345—89 标准的要求,对 1#溢洪道弧形闸门部分一、二类焊缝进行了无损探伤,所用仪器为超声波探伤仪,检验结果合格。

2. 启闭机外观检查和安全性能检测

1#溢洪道设置了 4 台 QHLY2×1000kN-5m 液压启闭机。启闭机操作方便、动水开启运行平稳,传动零件无异常声音、发热和漏油现象。地脚螺栓紧固、无松动。

总体上评价，1＃、2＃、3＃、4＃闸门外观质量，不合格；外观尺寸符合设计要求；闸门面板、主梁、边梁对接焊缝内部质量为Ⅱ级，锈蚀等级合格；涂料涂层无质量缺陷，合格。液压式启闭机自动启闭，运行良好，支撑轴稳固。

（二）存在问题

1. 检修闸门和启闭机

2017年河南省水利勘测设计有限公司对1＃溢洪道检修闸门和启闭机进行了现场检查。

1）闸门存在下列问题：

（1）检修闸门有局部锈蚀现象。

（2）检修闸门止水橡皮有局部老化、龟裂现象。

（3）检修闸门定位销变形。

（4）检修闸门重心偏移，启闭时门体倾斜。

2）启闭机存在下列问题：

（1）检修闸门启闭机电动葫芦钢丝绳左右吊点长度不一致，造成闸门启吊时倾斜。

（2）检修闸门启闭机电动葫芦同步轴长度需要调整。

（3）自动抓梁吊钩装置转动不灵活。

2. 工作闸门和启闭机

2017年河南省水利勘测设计院对1＃溢洪道工作闸门和启闭机进行了现场检查，闸门结构有局部锈蚀现象。

（三）计算分析

1. 检修闸门和启闭机

（1）基本参数。孔口尺寸（宽×高）：12.0m×6.9m，设计水头6.5m，门型：叠梁平面钢闸门，分3节，每节高2.3m，主材：Q235B，运行条件：静水启闭，启闭设备选用2×125kN电动葫芦，扬程18m，结构计算暂不考虑锈蚀量。

（2）闸门结构复核计算成果见表10-1。

表 10-1 闸门结构复核计算成果

复核项目	材料	规范允许值	实际复核值
面板厚度	Q235B	7.9mm	12mm
主梁最大弯应力	Q235B	$160N/mm^2$	$103.2N/mm^2$
主梁挠度		1/500	1/916

复核计算结果，闸门面板厚度、主梁跨中最大弯应力，主梁挠度均小于规范允许值。

(3)启闭机容量复核计算。经计算，在设计条件下最大启门力为165.6kN，闭门时闸门依靠自重能够关闭；在此条件下最大启闭机容量2×125kN，电动葫芦满足设计要求。

2. 工作闸门和启闭机

(1)基本参数。孔口尺寸(宽×高)：12m×9m，门型：露顶式弧形钢闸门，主材：Q345B，弧门半径 $R=12m$，支铰高 6m，启闭机为 QHLY2×1000kN-5m 液压启闭机。闸门设计水头 8.621m，运行条件：动水启闭，有局部开启的要求，汛期泄洪水的密度 $\gamma=1.0t/m^3$，动力系数取 1.2，结构计算不考虑锈蚀量。

(2)闸门结构复核计算成果见表 10-2。

表 10-2 闸门结构复核计算成果

构件及应力	材料	规范允许值	实际复核值
面板折算应力	Q345B	$341.55N/mm^2$	$212.9N/mm^2$
水平次梁弯应力	Q235B	$144N/mm^2$	$126N/mm^2$
水平次梁剪应力	Q235B	$85.5N/mm^2$	$77.8N/mm^2$
水平次梁最大挠度		7.6mm	0.8mm
主梁跨中最大弯应力	Q345B	$207N/mm^2$	$74.3N/mm^2$
主梁支座最大剪应力	Q345B	$121.5N/mm^2$	$62.7N/mm^2$
主横梁与支臂单位刚度比		规范推荐 3～7	7
支臂弯曲平面内应力	Q345B	$207N/mm^2$	$116.9N/mm^2$
支臂弯曲平面外应力	Q345B	$207N/mm^2$	$104.5N/mm^2$

续表

构件及应力	材料	规范允许值	实际复核值
支铰轴弯应力	40Cr	320N/mm²	125.2N/mm²
支铰轴剪应力	40Cr	215N/mm²	41.5N/mm²
轴套压应力	工程塑料合金	50N/mm²	24.2N/mm²
支座局部紧接承压应力	ZG45	110N/mm²	88.4N/mm²
支座底板应力	ZG45	140N/mm²	82.5N/mm²

复核计算结果，闸门面板、水平次梁、主梁、支臂、支铰应力均满足规范允许应力。

(3)启闭机容量复核计算。经计算，在设计水头 8.621m 设计条件下，闸门依靠自重能够关闭；在此条件下最大启门力为 1711.6kN，启闭机容量 2～1000kN，液压启闭机满足设计要求。

(四)评价结论及建议

1. 检修闸门和启闭机

鸭河口水库 1＃溢洪道检修闸门及抓梁运行了 6 年，未超出其折旧年限(30 年)，复核计算结果表明检修闸门的应力达标。根据 SL 226—98《水利水电工程金属结构报废标准》，SL 258《水库大坝安全评价导则》，检修闸门安全等级为 B 级，建议检修闸门和抓梁维修改造。

检修闸门移动式启闭机设备运行了 6 年，未超出其折旧年限(30 年)，但启闭机制造安装存在部分缺陷。根据 SL 226—98《水利水电工程金属结构报废标准》，SL 258《水库大坝安全评价导则》，检修闸门启闭机安全等级为 B 级，建议电动葫芦维修改造。

2. 工作闸门和启闭机

鸭河口水库泄洪闸工作闸门运行了 6 年，未超出其折旧年限(30 年)，复核计算结果表明工作闸门的应力达标。根据 SL 226—98《水利水电工程金属结构报废标准》，SL 258《水库大坝安全评价导则》，1＃溢洪道工作闸门安全等级为 A 级。

工作闸门启闭机设备运行了 6 年，未超出其折旧年限(30 年)，运行良好。根据 SL 226—98《水利水电工程金属结构报废标准》，SL 258《水库大坝安全评价导则》，工作闸门启闭机安全等级为 A 级。

三、2＃溢洪道

2＃溢洪道位于老溢洪道右侧第三大山凹处，1991年投入使用。泄洪闸共4孔，每孔设置1扇弧形工作钢闸门，4孔设置1套检修钢闸门。

(一)安全检测

东营市汇科工程质量检测有限公司安全检测报告，检测2＃溢洪道检修闸门和门机，弧形工作闸门和卷扬式启闭机存在下列问题：

1. 闸门外观检查和安全性能检测

2＃溢洪道的水流状态正常，闸门个别位置侧止水处轻微渗水，闸底板及溢流堰面混凝土存在多条裂缝，闸墩表面局部轻微剥蚀，牛腿未见异常；启闭机房未见异常。

按GB/T 14173—2008《水利水电工程钢闸门制造安装及验收规范》和GB/T 11345—89标准的要求，对2＃溢洪道弧形闸门部分一、二类焊缝进行了无损探伤，所用仪器为超声波探伤仪，检验结果合格。

2. 启闭机外观检查和安全性能检测

2＃溢洪道设置了4台2×450kN的固定卷扬式启闭机，用于启升弧形闸门泄洪。这几台启闭机为上海重型机械厂生产，制造精良，但启闭机齿轮啮合间隙超标，钢丝绳锈蚀、有磨损。

3. 移动式启闭机外观检查和安全性能

2＃溢洪道检修门设置2×150kN移动式启闭机1台，用于启升并移动三节检修闸门。目前该移动启闭机存在较多的安全隐患，主要包括下面几个方面：

(1)启闭机齿轮啮合间隙超标、门机双吊点北侧制动轮硬度只有HB180，不满足要求。

(2)门机制造安装质量差，双吊点均偏移闸门吊点中心线。

(3)丝绳锈蚀、磨损严重，直径减小，有损伤。

总体上评价，2＃溢洪道1＃、2＃、3＃、4＃闸门外观质量，不合格；外观尺寸符合设计要求；闸门面板、主梁、边梁对接焊缝内部质量为Ⅱ级，锈蚀等级合格；涂料涂层无质量缺陷，合格。

1＃、2＃、3＃、4＃启闭机钢丝绳有渗油、磨损，不合格；其尺寸偏差，合格;不予报废;检修闸门1#、2#启闭机钢丝绳锈蚀、有渗油、磨损,不合格;直径减小、畸形和损伤,应予报废。

(二)存在问题

1. 检修闸门和启闭机

2017年河南省水利勘测设计研究有限公司对2#溢洪道检修闸门和启闭机进行了现场检查。

1)闸门存在下列问题:

(1)检修闸门有局部锈蚀现象。

(2)检修闸门止水橡皮有局部老化、龟裂现象。

(3)检修门充水阀锈蚀、抱死,影响启闭。

(4)检修闸门重心偏移,启闭时门体倾斜。

(5)抓梁防挂脱钩装置高度不够,且有变形。

2)移动式启闭机存在下列问题:

(1)门架结构刚度需加强。

(2)启闭机齿轮安装精度差,已经造成开式齿轮的严重磨损和胶合损伤,齿轮运行的可靠性降低。

(3)卷筒双层缠绕存在较大问题,启吊上极限位置钢丝绳与动滑轮组干扰。

(4)钢丝绳锈蚀、磨损严重。

(5)门机行走轨道上无行程开关。

(6)门机电缆卷筒收线速度过快。

2. 工作闸门和启闭机

2017年河南省水利勘测设计研究有限公司对2#溢洪道工作闸门和启闭机进行了现场检查。

1)闸门存在下列问题:

(1)闸门结构有局部锈蚀现象。

(2)弧形支铰润滑系统失效;弧形闸门启升时有明显振动。

2)启闭机存在下列问题:

钢丝绳有磨损、锈蚀与断丝现象,2#工作闸门启闭机钢丝绳有机械损伤。

(三)计算分析

1. 检修闸门和启闭机

(1)基本参数。孔口尺寸(宽×高):12.0m×10.5m,设计水头10m,门型：叠梁平面钢闸门，分3节，每节高3.5m，主材：A3，运行条件：静水启闭，充水阀平压充水。启闭设备选用2×150kN单向门机，扬程22m，结构计算暂不考虑锈蚀量。

(2)闸门结构复核计算成果见表10-3。

表10-3　闸门结构复核计算成果

复合项目	材料	规范允许值	实际复核值
面板折算应力	A3	246.4N/mm^2	199.8N/mm^2
次梁跨中弯应力	A3	160	116.3
次梁挠度		1/250	1/888
主梁最大弯应力	A3	160	146
主梁挠度		1/500	1/629

复核计算结果，闸门各主要构件的应力和主、次梁挠度均符合规范允许应力。

(3)启闭机容量复核计算。静水闭门，考虑平压装置，上节闸门在0.5m水头差启门，最大启门力为282kN，启闭机容量2×150kN，单向门机基本满足设计要求。

2. 工作闸门和启闭机

(1)基本参数。孔口尺寸(宽×高)：12m×12.416m，门型：露顶式弧形钢闸门，主材：A3，弧门半径$R=16$m，支铰高5.916m，启闭机为2×450kN固定卷扬式启闭机。闸门设计水头12.416m，运行条件：动水启闭，有局部开启的要求，汛期泄洪水的密度$\gamma=1.0t/m^3$，动力系数取1.2，结构计算不考虑锈蚀量。

(2)闸门结构复核计算成果见表10-4。

表10-4　闸门结构复核计算成果

构件及应力	材料	规范允许值	实际复核值
面板折算应力	A3	237.6N/mm^2	233N/mm^2
水平次梁弯应力	A3	135N/mm^2	113.7N/mm^2
水平次梁剪应力	A3	81N/mm^2	64.6N/mm^2

续表

构件及应力	材料	规范允许值	实际复核值
水平次梁最大挠度		9.6mm	1.27mm
主梁跨中最大弯应力	A3	135N/mm²	109.5N/mm²
主梁支座最大剪应力	A3	81N/mm²	80.8N/mm²
主横梁与支臂单位刚度比		3～7	6.14
支臂应力	A3	135N/mm²	87.3N/mm²
支臂弯曲平面内应力	A3	135N/mm²	116.9N/mm²
支臂弯曲平面外应力	A3	135N/mm²	108.1N/mm²
支铰轴弯应力	45	145N/mm²	114.6N/mm²
支铰轴剪应力	45	95N/mm²	33N/mm²
轴套压应力	9-4 青铜	50N/mm²	24.2N/mm²
支座局部紧接承压应力	ZG35	95N/mm²	70.1N/mm²
支座底板应力	ZG35	120N/mm²	93.5N/mm²

复核计算结果，闸门面板、水平次梁、主梁、支臂、支铰应力均满足规范允许应力。

(3)启闭机容量复核计算。经计算，在设计水头 12.416m 设计条件下，最大闭门力为－525kN，闸门依靠自重能够关闭；在此条件下最大启门力为 785kN，启闭机容量 2～450kN，卷扬式启闭机满足设计要求。

(四)安全评价结论与建议

1. 检修闸门和启闭机

鸭河口水库 2＃溢洪道检修闸门运行了 25 年，未超出其折旧年限(30 年)，复核计算结果表明检修闸门的应力达标。根据 SL 226—98《水利水电工程金属结构报废标准》，SL 258《水库大坝安全评价导则》，泄洪闸检修闸门安全等级为 B 级，建议闸门维修改造。

检修闸门移动式启闭机设备运行了 6 年，未超出其折旧年限(30 年)，但制造安装质量较差。根据 SL 226—98《水利水电工程金属结构报废标准》，SL 258《水库大坝安全评价导则》，泄洪闸检修闸门启闭机安全等级为 B 级，建议门机维修改造。

2. 工作闸门和启闭机

鸭河口水库2#溢洪道工作闸门运行了25年，未超出其折旧年限(30年)，复核计算结果表明工作闸门的应力达标。根据SL 226—98《水利水电工程金属结构报废标准》，SL 258《水库大坝安全评价导则》，泄洪闸工作闸门安全等级为B级。建议闸门维修改造。

工作闸门启闭机设备运行了25年，未超出其折旧年限(30年)，但启闭机电气设备过时。根据SL 226—98《水利水电工程金属结构报废标准》，SL 258《水库大坝安全评价导则》，泄洪闸工作闸门启闭机安全等级为B级，建议启闭机进行维修改造。

四、大坝金属结构综合评价

由于鸭河口水库的溢洪道金属结构设备属于大型设备，输水洞金属结构设备属于中、小型设备，按规定，其设备折旧年限为30～20年，(除2#溢洪道泄洪闸)其余设备仅运行了6多年，再根据实测资料与计算分析结果看，金属结构的闸门类设备的强度、刚度大多能满足规范要求，故闸门类设备的安全性综合评定为A级。启闭机设备的容量经复核满足要求，但由于制造、安装质量较差，目前存在一定的安全隐患。应通过对启闭机进行改造、维修，故启闭机类设备综合评定为B级。

第二节　打磨岗灌区烟草水源工程大坝枢纽工程金属结构安全评价

金属结构制造商西峡县兴利水工机械有限公司具有制造中型平面定轮钢闸门、中型平面滑动钢闸门、中型卷扬式启闭机等合法资质，主要施工管理人员及焊接、无损探伤等关键工种的施工人员具有合格的从业资格和上岗证书。

一、概述

(一)工作内容

本标段金属结构制造工作内容主要有：平面检修钢闸门2000 * 2000MM 2套、平面工作钢闸门2000 * 2000MM 2套、卷扬式启闭机QPQ2×

400KN 4 套、螺杆式启闭机 1 台。

（二）钢闸门原材料及外购件质量情况

制造钢闸门的板材与型材等原材料均购自鞍钢等国内大型钢铁厂，每批次均有生产商产品质量保证书，制造厂质检部门对用于闸门主要部位的钢板进行抽样材质检测，各项目质量均符合规范要求。

（三）外购件质量情况

焊接材料埋弧焊丝型号为 H08MA，手工焊焊条型号为 J422 和 ER50-6、止水橡皮采用的是南京东润品牌，自润滑轴承为大连三环、主轮材质为 ZG310-570，调质处理，硬度在 HB241-286 之间，油漆采用的是环氧云铁和环氧沥青面漆，所有材料均按设计要求采购，均为合格产品。

二、启闭机质量检测

（一）工作量

平板固定卷扬式启闭机 1×400kN(2 台套)。

（二）启闭机制造检测项目及质量指标

装配好的轴承，转动灵活；制动轮径向跳动应小于 0.12mm，端面跳动小于 0.25mm，制动轮与制动器中心线的位移不大于 3mm，制动轮与制动器闸瓦之间的间隙为 1.25mm，接触面积不小于总面积的 75%；轴承座油孔应保证油路畅通；电动机三相定子电流不平衡度应小于 10%；电气设备应无异常发热现象；所有机械部件运转时均无冲击声和其他异常声音；钢丝绳在任何部位均不得与其他部件相磨擦；减速箱不得有漏油现象；负荷控制器系统精度不低于 2%；减速箱噪音小于 85dB，整机检测噪音小于 90dB；弹性联轴器柱销与锥孔接触面积大于 75%，经水利部质检中心检测，启闭机制作符合设计图纸及 DL/T 5019—94 规范要求。

三、闸门试验

闸门及启闭设备安装完成后，配合安装单位在现场做闸门试运行试验。在闸门全关位置，进行漏光检查合格，止水严密。无水情况下进行全行程启闭试验，启闭过程平稳无卡阻、水封橡皮无损伤，本项试验的全过程中，用清水冲淋润滑，以防损坏水封橡皮。

四、闸门制造质量检测、评定

关于闸门、启闭机制造检测资料详见质量检测、评定资料（以孔划分），且有委托的第三方检测结论书，从“三检”及第三方检测结果表明，本标段所有货物制造质量均满足招投标文件、规范和设计要求。

五、大坝金属结构综合评价

经过自检、复检、终检以及第三方检测对质量把关，加上工地现场监理的认真全面的检查、检测，河南省内乡县打磨岗灌区烟草水源工程大坝枢纽工程符合图纸设计、DL/T 5018—2004、SL 105—95、DL/T 5019—1994以及相关的技术标准和规范要求，闸门、埋件、启闭机及其附件齐全，金属结构产品制作资料真实准确，达到优良标准，顺利通过水下分部工程检查验收，符合规范及相关验收要求，现具备蓄水安全验收的条件。

参考文献

[1]柴兆明.2018.水利工程建材质量检测技术与质量控制探究[J].中国建材科技,27(05):5－6.

[2]陈兆勇.2018.水利工程施工管理现状及对策研究[J].安徽科技,(08):42－43.

[3]方朝阳,2007.水利工程施工监理[M].武汉:武汉大学出版社.

[4]黄晓林,马会灿.2012.水利工程施工管理与实务[M].郑州:黄河水利出版社.

[5]侯鸿飞.2009.水利工程施工与质量控制简析[M].郑州:黄河水利出版社.

[6]黄亚梅,张军.2014.水利工程施工技术[M].北京:水利水电出版社.

[7]姜国辉,王永明.2017.水利工程施工[M].水利水电出版社.

[8]姜婧实.2016.水利工程施工质量管理分析[J].黑龙江科技信息,(14):229.

[9]刘建生.2015.影响水利工程施工质量因素与对策分析[J].中小企业管理与科技(中旬刊),(09):96.

[10]马振宇,贾丽炯.2014.水利工程施工[M].北京:北京理工大学出版社.

[11]苗兴皓,高峰.2017.水利工程施工技术[M].北京:中国环境出版社.

[12]牛志宏,姚珧.2014.水利工程施工测量[M].武汉:华中科技大学出版社.

[13]施荣,王会思.2013.水利水电工程施工技术与组织[M].成都:西南交通大学出版社.

[14]侍克斌,李玉建,等.2014.水利工程施工[M].2版.北京:中国水利水电出版社.

[15]王新宇,黄震.2018.水利施工管理控制因素及措施分析[J].地下水,40(02):143－144.

[16]吴安良.2014.水利工程施工[M].北京:水利水电出版社.

[17]韦庆辉. 2014. 水利水电工程施工技术[M]. 北京：水利水电出版社.

[18]薛桦，赵中宇，等. 2014. 水利水电工程施工技术与施工组织[M]. 郑州：黄河水利出版社.

[19]袁光裕，胡志根，等. 2017. 水利工程施工[M]. 北京：水利水电出版社.

[20]朱显鸽. 2017. 水利工程施工及建筑材料[M]. 北京：中国水利水电出版社.

[21]周长勇，刘宁. 2014. 水利工程施工监理[M]郑州：黄河水利出版社.

[22]张广功. 2018. 水利工程施工管理的重要性和对策措施[J]. 工程技术研究，(02)：182－183.

[23]张铭昕. 2015. 水利工程施工安全管理问题探讨[J]. 科技与企业，(07)：18.

[24]张美红. 2015. 水利工程施工常见质量问题分析[J]. 黑龙江科学，6(01)：89＋91.